JN234550

日本音響学会 編
音響テクノロジーシリーズ 7

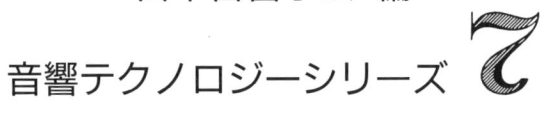

音・音場のディジタル処理

工学博士 山﨑 芳男　　工学博士 金田 豊
編 著

工学博士 東山三樹夫　　工学博士 宇佐川 毅
共 著

コロナ社

音響テクノロジーシリーズ編集委員会

編集委員長

NTT先端技術総合研究所
工学博士　東倉　洋一

編　集　委　員

NTTコミュニケーション科学基礎研究所
博士(心理学)　天野　成昭

大阪大学
工学博士　桑野　園子

東京情報大学
工学博士　小泉　宣夫

東北大学
工学博士　鈴木　陽一

東京大学
工学博士　橘　秀樹

工学院大学
工学博士　東山三樹夫

早稲田大学
工学博士　山﨑　芳男

(五十音順)

(所属は2002年11月現在)

発刊にあたって

　音と人間は切っても切れない関係にある。人類の誕生から現代に至るまで，また未来永劫に，人は音と共に生きる存在である。地球の音世界は，かつて，自然が産み出す音で満たされていた。そこでは，人も自然音を構成する一員に過ぎなかった。この地球上に音の歴史の新しいページを開いたのは，言葉と道具の発明である。音声が生まれ，音楽が生まれ，音のコミュニケーションの新たな時代が始まった。そしていま，インターネットなどの新しいメディアを通して，音は時間と空間を超えて宇宙に広がる。一方，道具を使えば音が出る。目的は音を出すことではない。音は副産物である。産業革命を経てハイテク社会に至る科学技術の進歩は，副産物としての音の爆発的な増加をもたらした。このように，人と音との係わりは，時代と共にその量と質とを急速に変貌させながら，ますます強まってきている。

　音響学は音楽の研究に始まる。20世紀を迎え，この狭義の音響学が，電気通信に，建築設計に，産業にと，ほとんどあらゆる方面に必要となった。その上，物理，生理，心理などの学問分野においても，基礎から応用に至る広い範囲にわたって内容的関連を強めていった。このような情勢を踏まえ，「音響科学の如き複雑，広汎，而も微妙なる特殊性を有する科学を益々発達せしめんが為には斯かる総合的機関の存在は必要欠くべからざるものたるは之亦言を俟たない処である」として，1936年，日本音響学会が設立された。音響に関連する多くの産業や学問分野の横の交流促進を意図した学際的機関の誕生である。以来，本学会は，学際的学会としての意義ある活動によって着実な発展を遂げ，今年で創立60周年を迎えた。この間の科学技術の進展は目覚ましく，特に，近年のコンピュータやディジタル技術の飛躍的な進歩によって，あらゆる音響

学・音響工学の分野でも大きな変革があった。

　本学会では，音響工学を学び，あるいは現場で音響学を応用した仕事に従事する研究者・技術者を対象に，1977年から「音響工学講座（全8巻）」を刊行してきた。基礎音響工学，応用電気音響，建築音響，騒音・振動，聴覚と音響生理，音声等の専門分野別に編集されたこの講座は，以来，約20年にわたって，音響学・音響工学の発展と普及に寄与し，関連分野に学ぶすべての人々および社会の要求に応えてきた。

　21世紀，いや新しいミレニアム（millennium）を目前にして，社会にも科学技術にも変化が求められている。人と音との係わりは，環境アメニティ，脳と心などの課題においても重要な位置を占め，音響学・音響工学の新たな貢献が期待されている。時代を切り拓く音響学・音響工学として，従来の研究分野別の構成とは異なり，複数の分野に横断的に係わるメソッド的なシリーズとして新たに企画したのが，この「音響テクノロジーシリーズ」である。各巻のテーマの選択には，時宜を得た内容とすべく，編集委員会が柔軟性と機動性をもって当たることとした。本シリーズが，音に関連するメソッドを体系的に学び，あるいは実験や計測に関する実用的知識を得たいと考える学生・研究者・技術者の要求に応えるだけでなく，音響分野の教育に携わる人，音との係わりを求める広範な分野の人々にも参考になれば幸いである。

　最後に，本シリーズの発刊にあたり，企画と執筆に多大な御努力を頂いた編集委員・著者の方々，ならびに出版に関して種々の御尽力を頂いたコロナ社の諸氏に厚く感謝する。

　1996年7月

音響テクノロジーシリーズ編集委員会
編集委員長　東倉　洋一

まえがき

　ディジタルの起源は人類が数という概念を使い始めたころにあり，のろしや旗による通信という形で，情報のディジタル伝送も古くから行われてきた．17世紀に数値解析が発展してディジタル信号処理の基礎ができあがり，19世紀にはモールス符号によるディジタル通信，電信が実用化された．

　しかしディジタル信号処理技術が今日の隆盛を究めるに至った原動力は，1940〜50年代のC.E.Shannonの業績に代表される情報理論の発展と，電子計算機の実用化と，1970年代以降の半導体技術の飛躍的発展にあるといえよう．

　音響分野へのディジタル技術導入の道のりには大きな山がいくつかあった．最初の山は，1960年代の電話中継回線のディジタル化，放送局やレコード制作用のディジタルテープレコーダなど，莫大な投資をしてアナログ伝送路の隘路をディジタル化することにより改善した「黎明期」である．

　第二の山は，手軽に良い音が楽しめるようになったCD，MD，パーソナルコンピュータ，家庭用ディジタルVTRなど，LSI化と大量生産による身近な分野へのディジタル技術の「浸透期」である．

　第三の山は，ここ数年の動きであろう．膨大な帯域，高価な機器を必要としていたディジタル処理であったが，最近は有限な電波の有効利用を目的に，いわば「省資源」の観点からの導入，ディジタル化による携帯電話や放送の多チャネル化などが始まっている．

　このように，20世紀後半に登場し当初は畏敬の念をもって迎えられたディジタル技術も，省資源や安くて丈夫だからといった観点から導入されるようになり，新たな時代を迎えようとしている．

　百聞は一見にしかずなどといわれ，マルチメディアにおいて，音は映像やコ

ンピュータデータに比べて従属的なものととらえられがちであるが，じつは音は映像や文字情報に優るとも劣らぬ重要な情報伝達手段なのである。人間は，目を閉じていてもさまざまな方向からくる音を聞き分けている。これは永い経験でさまざまな方向や距離からくる音の特徴を正確に記憶しているからである。本書では，人間のこのような優れた信号処理能力に学んだ信号処理，特に電気信号としての音と音響空間を，分野を越えて扱った。

衣食足りて…ではないが，マルチメディアには快適な音環境が不可欠である。音響信号は，じつに10オクターブに及ぶ帯域を100 dBに及ぶダイナミックレンジで扱う，まだまだ未解決の問題の多い分野である。しかしながら，周波数も比較的低く取り扱いやすい，あるいは技術はとうに完成しており，いわゆるハイテクとは無縁の存在のように見なされがちである。

現実はまさに正反対，1960年代後半に実用化されたレーザをさっそく取り入れてCDを作り上げてしまったり，理論技術段階であった誤り訂正のアルゴリズムをLSIに押し込んで，CDやDATあるいは衛星放送などとディジタルシステムを家庭にまで持ち込んだりと，なんとも果敢な頼もしい新しい技術に対して貪欲な分野であり，ひょっとすると超伝導なども，なんらかの形でオーディオ分野に顔を出すかもしれない。

本書は，複数の分野を横断的にかかわるメソッド的なシリーズである「音響テクノロジーシリーズ」の最初の企画の1冊である。信号処理の現場に携わっている第一線の研究者により，実用的でありかつ理論的裏付けや背景をしっかり把握した内容である。読者が音・音場におけるコミュニケーション，さらには音響学の大切さを実感していただければ幸いである。

2002年11月　　　　　　　　　　　　　　　　　　　　　山﨑　芳男，金田　豊

執筆分担

山﨑　芳男	1章，3.1節，3.2節，4.9節
東山三樹夫	2章，4.1〜4.8節
宇佐川　毅	3.3〜3.5節
金田　豊	5章

目　次

1. 音のディジタル化

1.1　アナログ信号のディジタル化 ……………………………………………………2
　　1.1.1　アナログ-ディジタル-アナログ変換　　2
　　1.1.2　標　本　化　　4
　　1.1.3　信号の帯域幅と標本化周波数　　5
　　1.1.4　補間と間引　　6
1.2　量子化雑音とディザ ………………………………………………………………8
　　1.2.1　量　子　化　雑　音　　8
　　1.2.2　ディザの加算と減算　　9
　　1.2.3　一様分布，三角分布ディザ　　11
　　1.2.4　ディザの役割　　15
1.3　ディザによる変換精度の向上 ……………………………………………………15
　　1.3.1　大振幅ディザによる変換精度の向上　　15
　　1.3.2　高域集中ディザの効果　　18
　　1.3.3　標本化と量子化の関係　　19
1.4　各種の変換方式 ……………………………………………………………………21
1.5　高速1ビット変換の原理 …………………………………………………………24
　　1.5.1　$\Sigma\Delta$変調方式の基本構成　　24
　　1.5.2　1次$\Sigma\Delta$変調　　24
　　1.5.3　2次$\Sigma\Delta$変調　　26
　　1.5.4　高次の$\Sigma\Delta$変調　　28
　　1.5.5　系　の　安　定　性　　30

1.5.6 MASH 方式　　33
 1.6 高速1ビット方式の量子化雑音 …………………………………………… 34
  1.6.1 PCM，Δ 変調，$\Sigma\Delta$ 変調　　34
  1.6.2 量子化雑音の分布　　35
  1.6.3 一般調和解析による分析　　35
 引用・参考文献 ………………………………………………………………… 39

2. 信号解析の基礎

 2.1 たたみこみと母関数 ……………………………………………………… 41
 2.2 相関演算と母関数 ………………………………………………………… 43
 2.3 線形システムとインパルス応答 ………………………………………… 45
 2.4 数列と z 変換 ……………………………………………………………… 45
 2.5 数列と逆 z 変換 …………………………………………………………… 46
 2.6 複素振幅(phasor) ………………………………………………………… 48
 2.7 線形システムの伝達関数と振幅・位相特性 …………………………… 48
 2.8 フーリエ変換と z 変換 …………………………………………………… 54
 2.9 実数因果数列のフーリエ変換 …………………………………………… 54
 2.10 ケプストラムと最小位相推移系 ………………………………………… 56
 2.11 最小位相推移系と All-Pass システム …………………………………… 57
 2.12 DFT と z 変換 …………………………………………………………… 61
 2.13 信号分析と信号の表現 …………………………………………………… 62
   DFT による信号表現　　63
 引用・参考文献 ………………………………………………………………… 66

3. 聴覚の特性と高能率符号化

3.1 高能率符号化のあゆみ ………………………………………………… 67
3.2 情報量と高能率符号化 …………………………………………………… 73
   3.2.1 音響信号の情報量　　73
   3.2.2 予 測 符 号 化　　75
   3.2.3 エントロピー符号化　　75
3.3 聴覚の基本特性と符号化 ………………………………………………… 77
   3.3.1 聴覚の基本メカニズム　　77
   3.3.2 マスキング現象　　79
   3.3.3 広帯域ノイズによるマスキングと臨界帯域　　81
   3.3.4 純音および非定常信号によるマスキング　　84
   3.3.5 音響信号の聴覚的冗長性と符号化　　86
3.4 MPEG / Audio ……………………………………………………………… 87
   3.4.1 MPEG 1/Audio の概要　　87
   3.4.2 MPEG 1/Audio レイヤⅠ，Ⅱの符号化手順　　90
   3.4.3 MPEG 1/Audio レイヤⅢの符号化手順　　96
   3.4.4 MPEG 2/Audio の概要　　98
   3.4.5 MPEG 4/Audio の概要　　101
3.5 MD と DCC における高能率符号化 …………………………………… 102
   3.5.1 MD における符号化の概要　　102
   3.5.2 DCC における符号化の概要　　106
引用・参考文献 ………………………………………………………………… 108

4. 室内音響と伝達関数

4.1 平面波の重畳 …………………………………………………………… 110
   4.1.1 平　面　波　　110
   4.1.2 平均2乗音圧の大きさ　　111

4.1.3 平均2乗音圧の期待値　*111*

4.1.4 レイリー分布と指数分布　*112*

4.1.5 平均2乗音圧の確率分布と分散　*113*

4.2 壁面効果と音場の2点間相関 ………………………………… *115*

4.2.1 壁面による音圧上昇　*115*

4.2.2 2点間音圧相関係数　*115*

4.2.3 2点間相関係数と音場のインパルス応答　*117*

4.3 点音源と球面波 ………………………………………………… *118*

4.3.1 球　面　波　*118*

4.3.2 呼吸球の音響出力　*119*

4.3.3 鏡像と音響出力　*120*

4.4 反射回数と残響時間 …………………………………………… *122*

4.4.1 反射音の密度　*122*

4.4.2 壁面反射回数　*123*

4.4.3 壁面反射回数と平均自由行程　*124*

4.4.4 残　響　時　間　*125*

4.5 定在波と固有周波数 …………………………………………… *125*

4.5.1 定　在　波　*125*

4.5.2 固有周波数と固有関数　*126*

4.6 波動方程式と固有値 …………………………………………… *127*

4.6.1 平面波の波動方程式　*127*

4.6.2 ヘルムホルツ方程式　*127*

4.6.3 2次元振動系の固有周波数　*128*

4.6.4 固有周波数（固有値）の数　*128*

4.7 音響管と伝達関数 ……………………………………………… *129*

4.7.1 開口音響管の解　*129*

4.7.2 駆動点インピーダンスと伝達インピーダンス　*131*

4.7.3 音源位置と駆動点インピーダンスの極　*132*

4.7.4 音源位置と伝達インピーダンスの極　*133*

4.7.5 音響管からの音の放射　*134*

4.7.6 音響管放射音の能動制御　*135*

4.8 室内音場の伝達関数表現 ………………………………………………137
　4.8.1 不規則音場の進行波表現　*137*
　4.8.2 室内音場伝達関数の定在波表現　*139*
4.9 室内音場伝達関数の計測 ………………………………………………140
　4.9.1 インパルス応答　*140*
　4.9.2 時変性と計測　*141*
　4.9.3 タイムストレッチドパルス（TSP）　*143*
　4.9.4 長い TSP による音場計測　*144*
　4.9.5 2乗積分法による残響計測　*145*
　4.9.6 ウィグナー分布　*145*
　4.9.7 近接4点法による室内空間情報計測　*146*
　4.9.8 コンサートホールの測定例　*149*

引用・参考文献 ………………………………………………………………152

5. 適応フィルタ

5.1 適応フィルタの概要 ……………………………………………………154
5.2 適応フィルタの内部構成 ………………………………………………158
5.3 最適フィルタ ……………………………………………………………161
5.4 最小平均2乗誤差と同定モデル …………………………………………164
5.5 適応フィルタ利用上の注意点 …………………………………………166
5.6 適応アルゴリズム ………………………………………………………169
5.7 LMSアルゴリズム ………………………………………………………171
　5.7.1 最急降下法　*172*
　5.7.2 LMSアルゴリズム　*173*
　5.7.3 LMSアルゴリズムの収束過程　*174*
　5.7.4 収束特性　*176*
　5.7.5 収束特性とμの関係　*178*
5.8 学習同定法 ………………………………………………………………179

5.8.1　学習同定法　*179*
　　5.8.2　学習同定法の幾何学的説明　*181*
　　5.8.3　収 束 特 性　*183*
　　5.8.4　学習同定法とLMSアルゴリズム　*187*
5.9　射影アルゴリズム …………………………………………*189*
　　5.9.1　射影アルゴリズム　*189*
　　5.9.2　射影アルゴリズムの幾何学的説明　*191*
　　5.9.3　射影アルゴリズムの信号処理的説明　*193*
　　5.9.4　収 束 特 性　*195*
5.10　RLSアルゴリズム …………………………………………*197*
　　5.10.1　RLSアルゴリズム　*197*
　　5.10.2　収 束 特 性　*199*

引用・参考文献 ……………………………………………………*202*

付　　　録 …………………………………………………………*205*
索　　　引 …………………………………………………………*207*

1 音のディジタル化

　ディジタル信号処理の概念は 17 世紀に発展した数値解析に端を発しているとみることができる。しかし，ディジタル信号処理が今日の隆盛を究めるに至った原動力は第一が 1940，50 年代の**ウィーナー**（Nobert Wiener）と**シャノン**（C. E. Shannon）に代表される**通信理論**（conmunication theory），**情報理論**（information theory）の発展と電子計算機の実用化であり，第二が 1970 年代以降の LSI に象徴される半導体技術の飛躍的発展にあるといえる。

　一般に伝送系のハードウェアには必ず雑音が存在し伝送容量は有限である。したがって，無限の情報量をもったアナログ音響信号を伝送・処理したとしても信号には多かれ少なかれ雑音や誤差が加わり信号は伝送過程で劣化する。

　シャノンは信号の単位時間当りの**エントロピー**（entropy）の絶対値より大きな伝送容量をもつ伝送系を使えば，あいまい度を限りなく小さくする符号化法が存在することを明らかにしている[1]†。

　ディジタル信号とは時間，振幅とも**離散**（discrete）的な信号のことである。アナログ信号をディジタル化するとその情報量（エントロピー）は有限な値となる。ディジタル伝送では伝送容量の有限な現実の機器を使用しても劣化のない伝送・処理が期待できる。ディジタル伝送系の質は基本的には標本化周波数と量子化特性，演算語長によって決定される。

　音響信号処理へのディジタル信号処理導入の採否は，アナログ処理による信号劣化の総量と，ディジタル化のさいに生じる信号劣化との比較により決定す

---

† 肩付き数字は，章末の引用・参考文献の番号を表す。

べきものといえる。また，一般にアナログでは質の高い処理を行うには熟練を要するのに対し，ディジタル信号処理ではだれがいつ行っても同じ結果が期待できるという利点もある。

1.1 アナログ信号のディジタル化

1.1.1 アナログ-ディジタル-アナログ変換

図 1.1にディジタル信号処理の流れを示す。帯域制限を行ったアナログ信号をディジタル化するには時間方向の離散化である**標本化**（sampling）と振幅方向の離散化である**量子化**（quantization）の操作が必要である。通常はアナログ段で**サンプルアンドホールド回路**（sample and hold circuit）で標本化を行ったうえ**量子化器**（quantizer）で量子化する。

標本化とは連続信号（図(a)）のある時点の値を読み取る操作のことである。標本化された一連の標本（図(b)の〇印)を**時系列**(sequence)と呼ぶ。一般に信号の周波数帯域は有限であるから，1.1.2 項で説明する**標本化定理**（sampling theorem）に基づいて情報の欠落のない標本化が可能であるが，標本化周波数によっては標本化定理を満足させるために標本化に先立ち帯域制限を行う。標本化された各標本値を図（c）に示すように数字（通常2進数）で表現する操作が量子化である。

伝送，記録などの処理を終えたディジタル信号はディジタル信号に対応する振幅値に変換する逆量子化器で各標本値に対応したパルス列（時系列）に戻し，補間フィルタ（一般にローパスフィルタ）でアナログ信号に復元する。図(d)に示すように二重丸で示す標本値 $x'(2T)$ を帯域 $1/(2T)$ の理想ローパスフィルタに通すと，標本点ではもとの値そのままで両側に減衰振動出力（太線）が現れる。それぞれの波形はほかの標本点ではすべて 0 となっている点に注目されたい。

すべての標本値パルスに理想ローパスフィルタを施すと，図（e）に示すように標本点では標本値に等しく標本点の間は各標本点に対するフィルタ出力の

1.1 アナログ信号のディジタル化

(a) 原波形 $x(t)$

(b) 間隔 T で標本化された時系列 $x(nT)$
  n：整数

(c) 量子化して2進数（ビット）で表現し，ディジタル信号 $x'(nT)$ となる

(d) $x'(2T)$ の LPF 出力

(e) 理想 LPF による標本間の補間

(f) 再現されたアナログ信号 $x'(t)$

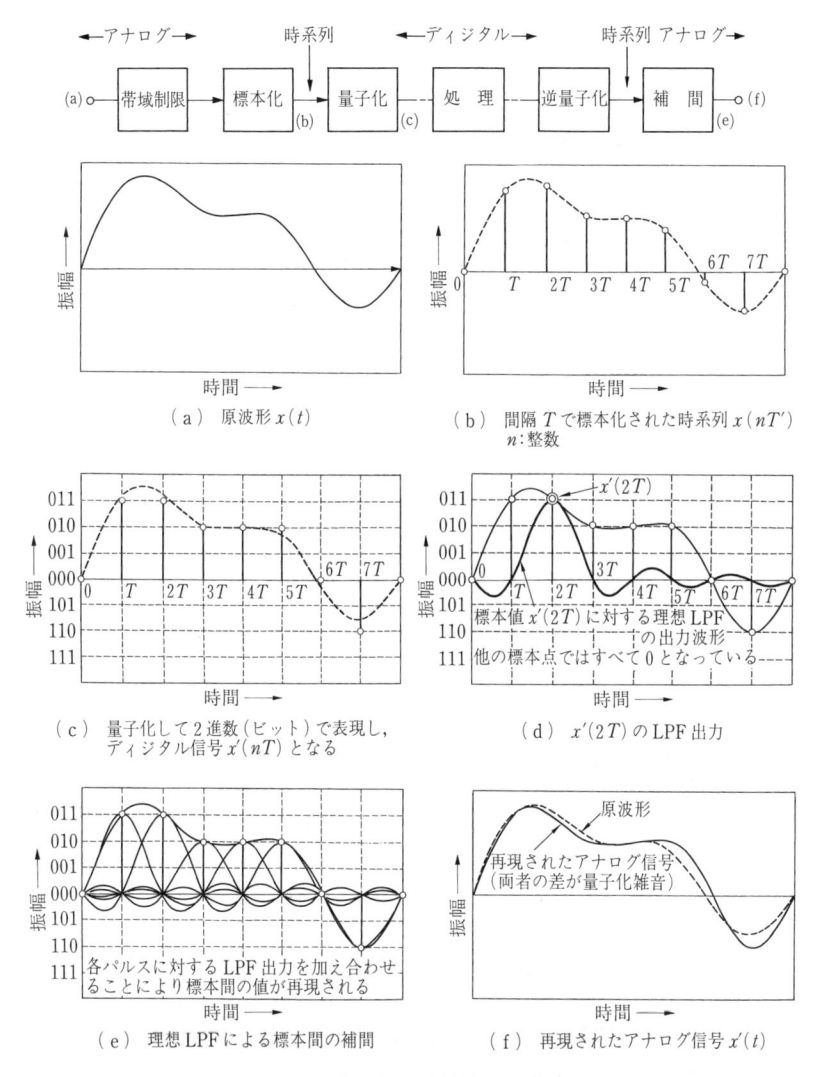

図1.1 ディジタル信号処理の流れ

和で連続的に扱ってアナログ信号が得られる。この操作がフィルタによる標本間の**補間**（interpolation）である．

現実には完全な帯域制限，インパルスによる標本化や幅のないパルス列と理想フィルタによる補間は実現不可能であり，1.1.2項で述べる**保持効果**（aper-

4　　1. 音のディジタル化

ture effect）が生じる。

　また，図（f）に示すように量子化された標本値を理想フィルタで補間しても原波形とは異なった波形となる。この原波形との差が量子化により生じた**量子化雑音**（quantization noise）である。量子化雑音については 1.2 節で詳しく述べるが，ディジタル化に際して原理的に避けることのできない信号劣化である。

1.1.2 標　本　化

帯域 $1/(2T)$ 〔Hz〕の信号 $x(t)$ は，時系列 $x(nT)$ を使って

$$x(t) = \sum_{n=-\infty}^{\infty} x(nT) \cdot \frac{\sin \pi\{(t-nT)/T\}}{\pi(t-nT)/T} \tag{1.1}$$

と書くことができる。ただし $\sin\{\pi t/T\}/(\pi t/T)$ は帯域 $1/(2T)$ の理想低域フィルタのインパルス応答を表す。式 (1.1) は $1/(2T)$〔Hz〕に帯域制限された原信号 $x(t)$ は，標本化された時系列 $x(nT)$ を帯域 $1/(2T)$〔Hz〕の理想低域フィルタに通すことにより再現されることを示している。これが標本化定理である。

　時系列からアナログ信号を再現するには，理論的には振幅が標本値に比例した幅のないパルス列を理想ローパスフィルタで補間しなければならない。

　幅 τ〔s〕のパルスを使うと，例えば純音 $x(t) = \cos 2\pi ft$ に対し復元出力 $y(t)$ は

$$y(t) = \frac{\tau}{T} \cdot \frac{\sin \tau\pi f}{\tau\pi f} \cos 2\pi f\left(t - \frac{\tau}{2}\right) \tag{1.2}$$

となり，$\tau/2$〔s〕の時間遅れと**図 1.2** に示す $\sin \tau\pi f/\tau\pi f$ なる高域の減衰が生じる。この現象は保持効果と呼ばれる。

　通常時間遅れは問題とはならないが，高域の減衰はフィルタで補正するか，D-A 変換器の過渡ひずみ**グリッチ**（gritch）を避ける役目を兼ねた τ/T を $1/10 \sim 1/4$ とするアナログゲート回路を逆量子化器の出力に設けるなどの対策を講じる。

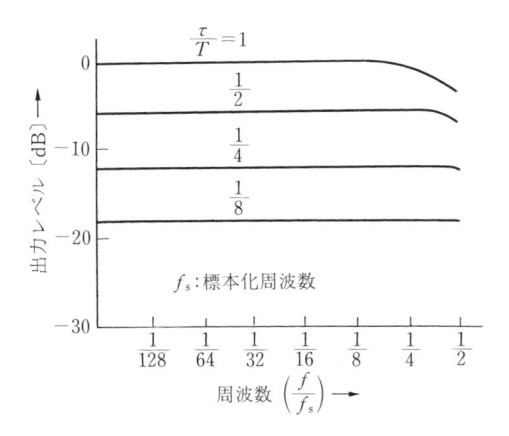

図 1.2 保 持 効 果

1.1.3 信号の帯域幅と標本化周波数

信号の帯域があらかじめ制限されている場合や標本化周波数を十分高く設定できる場合は必要ないが，一般には標本化に先立ち標本化定理を満足するよう標本化周波数の 1/2 以内の帯域制限を行う必要がある．帯域制限が不完全だと標本化周波数の 1/2 以上の信号成分が折り返された形で帯域内に現れる．この現象は**折り返し**（aliasing）と呼ばれ，一度生じた折り返しによる折り返し雑音は後処理では分離不可能である．

ところで，標本化周波数は信号の最高周波数の 2 倍必要であるとの誤解もあるが，必要なのは信号の最高周波数の 2 倍ではなく，あくまでも信号帯域の 2 倍である．例えば，80〜100 kHz の 20 kHz の帯域に信号が存在する場合に必要な標本化周波数は，200 kHz でなく 40 kHz である．これはラジオ受信機に使われている**ヘテロダイン**（heterodyne）を思い起こせば，周波数の移動は信号の劣化なしに可能なことは明らかである．すなわち 80〜100 kHz の信号は DC〜20 kHz に移動可能である．したがって，80〜100 kHz の信号は 40 kHz で標本化すれば十分なのである．

図 1.3 に示すように帯域 DC〜20 kHz の信号を 40 kHz で標本化したスペクトル分布と 80〜100 kHz の信号を 40 kHz で標本化したスペクトル分布はまっ

6 1. 音のディジタル化

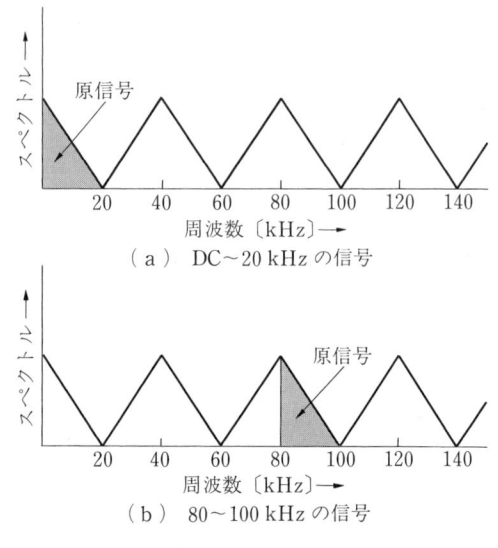

図1.3 標本化とスペクトル分布

(a) DC～20 kHz の信号

(b) 80～100 kHz の信号

たく同じである。復調時に DC～20 kHz で帯域制限をするか，80～100 kHz の帯域制限を行うかによりそれぞれ原信号が再現されるわけである。

1.1.4 補間と間引き

標本化に先立つ帯域制限や補間用のフィルタには高次の受動形あるいは能動形アナログフィルタが使われてきた。しかし近来，A-D 変換器やディジタル演算素子の高速化に伴い，**図1.4** に示すような高速標本化とディジタルフィルタを組み合わせた構成も使われている。この例ではアナログフィルタで 100 kHz に帯域制限（図(a)）したうえ，信号の帯域に比較して十分高い 200 kHz で標本化，量子化されたディジタル信号（図(b)）を，通過域 0～20 kHz，阻止域 25～100 kHz のディジタルフィルタで帯域制限する（図(c)）。このままでは標本化周波数が 4 倍なので，4 個おきの標本のみ残す時系列の**間引き**（decimation）によって必要な標本化周波数 50 kHz のディジタル信号が得られる（図(d)）。

フィルタを FIR 形で構成すると位相特性は直線とすることができる。アナ

1.1 アナログ信号のディジタル化　7

(a) アナログフィルタで 100 kHz に帯域制限

(b) 200 kHz で標本化，量子化

(c) ディジタルフィルタで帯域制限

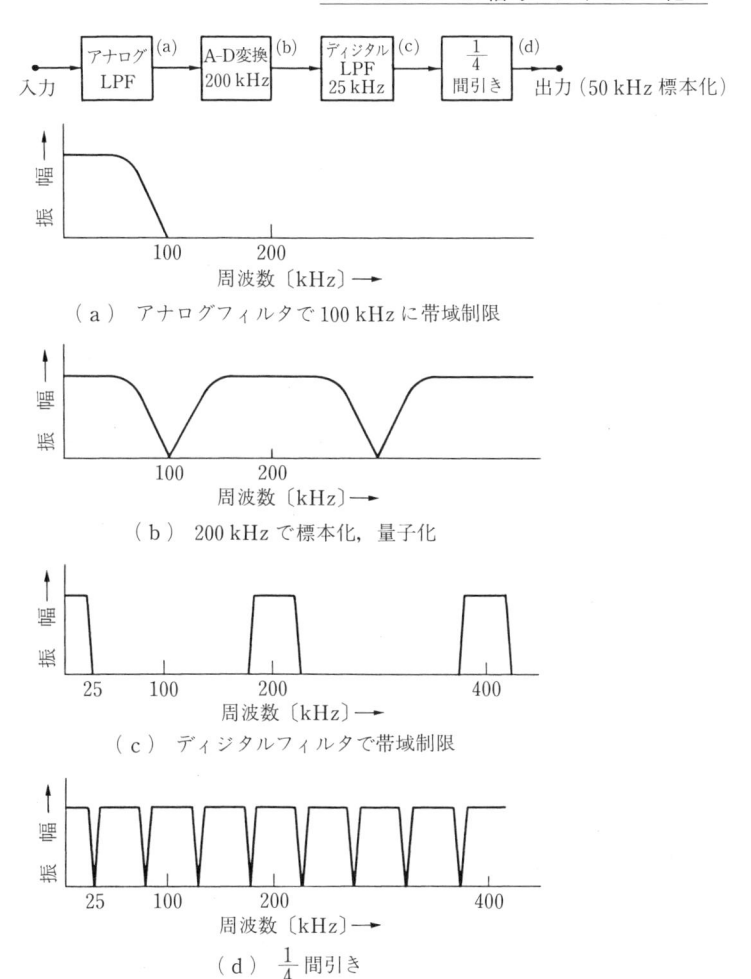

(d) $\frac{1}{4}$ 間引き

図1.4　アナログフィルタとディジタルフィルタを併用した帯域制限

ログ段での帯域制限は，最終的に必要な標本化周波数の何倍かの周波数に対して行えばよいので，フィルタの負担は軽くなる。

　標本化周波数が帯域の数倍以上であれば，特殊な場合を除きアナログフィルタは不要である。同様の手法で D-A 変換器の精度および補間用フィルタの負担軽減も可能である。

1.2 量子化雑音とディザ

1.2.1 量子化雑音

　量子化は連続分布する標本値を離散的な値で表現する操作である。**図 1.5** に一様量子化の例を示す。図（a）は**ミッドライザ**（mid-riser）形，図（b）は**ミッドトレッド**（mid-tread）形と呼ばれている。いま量子化器に小振幅の正弦波入力が加わったものとしよう。量子化幅を δ とするとミッドライザ形では振幅が δ 以下であるとどのような振幅に対しても振幅 $\pm \delta/2$ の方形波が出力されてしまう。またミッドトレッド形では逆に振幅 $\pm \delta/2$ までは量子化出力にはなにも現れない。いずれにしても入力と量子化出力は大きく異なる。この差が量子化雑音と呼ばれ，量子化による信号の劣化，情報の欠落は不可避である。

（a）ミッドライザ形　　　　（b）ミッドトレッド形

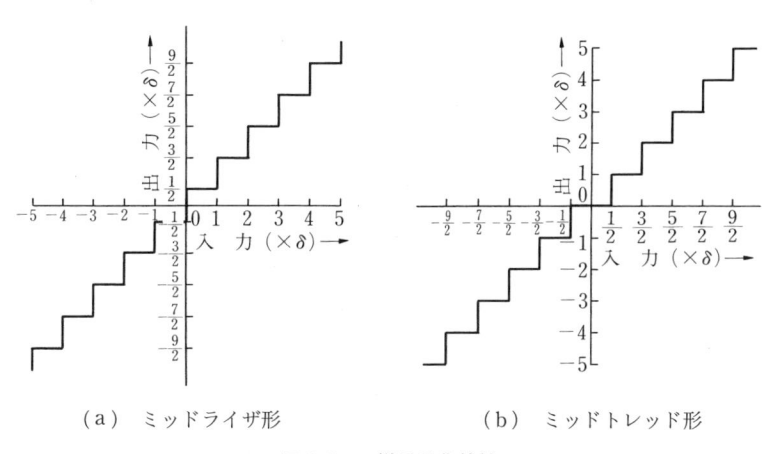

図 1.5　一様量子化特性

　広帯域音響信号の量子化では多くの量子化ステップの間を素早く行き来するような入力信号に対しては，量子化雑音は入力とは無相関な白色性の雑音となる。しかし，入力レベルが低く量子化ステップ数が少ない信号，あるいはたとえ入力レベルが高くともごくゆっくり変化する信号に対しては，量子化雑音は

入力と強い相関のあるひずみとなる[2]。

ミッドライザ形では量子化ステップ δ で正規化したときの入力 X に対する量子化出力 X_q は

$$X_\mathrm{q} = [X] + \frac{1}{2} = (X - X_\mathrm{f}) + \frac{1}{2} \tag{1.3}$$

量子化雑音 N_q は

$$N_\mathrm{q} = X_\mathrm{q} - X = \frac{1}{2} - X_\mathrm{f} \tag{1.4}$$

となる。

ミッドトレッド形では

$$X_\mathrm{q} = \left[X + \frac{1}{2}\right] = \left(X + \frac{1}{2}\right) - \left(X + \frac{1}{2}\right)_\mathrm{f} \tag{1.5}$$

$$N_\mathrm{q} = \frac{1}{2} - \left(X + \frac{1}{2}\right)_\mathrm{f} \tag{1.6}$$

となる。ここで [ ] はガウス記号を，添え字 $_\mathrm{f}$ は小数部，すなわち量子化ステップ以下を示す。

式 (1.4)，(1.6) から明らかなように，いずれの場合も量子化雑音 N_q は入力 X が決まれば一義的に決定される。すなわち，N_q は X の確定的関数であり，X の絶対値が小さいと X_f の X に占める割合は相対的に大きく，量子化雑音は入力と強い相関をもつことを示している。

1.2.2 ディザの加算と減算

量子化雑音を白色化する目的で，図 **1.6** に示すように信号に**ディザ**（dith-

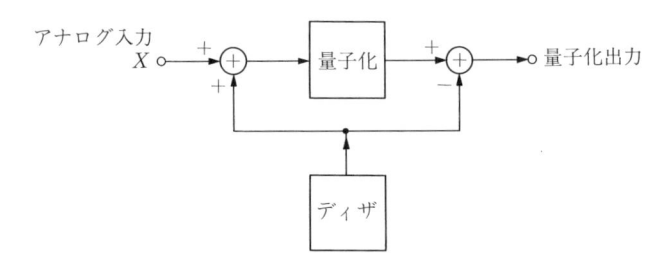

図 **1.6** ディザの加算と減算

er）と呼ばれる確率変数を加算したうえで量子化する手法が知られている[3]~[5]。

　量子化に先立ち入力にディザ D を加算すると，ミッドライザ形量子化では

$$X_q = [X + D] + \frac{1}{2} = (X + D) - (X + D)_f + \frac{1}{2} \tag{1.7}$$

$$N_q = D - (X + D)_f + \frac{1}{2} \tag{1.8}$$

となる。ここで加えたディザ D を量子化出力から減算すると X_q, N_q は

$$X_q = X + \frac{1}{2} - (X + D)_f \tag{1.9}$$

$$N_q = \frac{1}{2} - (X + D)_f \tag{1.10}$$

となる。

　一方，ミッドトレッド形量子化では

$$X_q = \left[X + D + \frac{1}{2}\right] = \left(X + D + \frac{1}{2}\right) - \left(X + D + \frac{1}{2}\right)_f \tag{1.11}$$

$$N_q = \frac{1}{2} + D - \left(X + D + \frac{1}{2}\right)_f \tag{1.12}$$

ディザを量子化出力から減算すると

$$X_q = X + \frac{1}{2} - \left(X + D + \frac{1}{2}\right)_f \tag{1.13}$$

$$N_q = \frac{1}{2} - \left(X + D + \frac{1}{2}\right)_f \tag{1.14}$$

となる。

　ディザ D として確率変数を用いると，量子化出力値 X_q，量子化雑音 N_q は確定的でなくなる。ディザの確率密度関数を $P_D(x)$，量子化特性を $Q(x)$ とすると量子化出力の期待値 $\overline{X}_q$ は

$$\overline{X}_q = \int_{-\infty}^{\infty} Q(x) \cdot P_D(x - X) dx \tag{1.15}$$

となる。

1.2.3 一様分布,三角分布ディザ

式 (1.9),(1.10),(1.13),(1.14) において D_f が $0 \sim 1$ に一様分布すれば,量子化雑音は入力のいかんにかかわらず $\pm 1/2$ の間に一様分布する。

量子化ステップを δ とすると図 **1.7**(a)のような $\pm \delta/2$,あるいはその整数倍に一様分布する確率変数,図(b)のような $\pm \delta$ あるいはその整数倍に三角分布をする確率変数を導入すると,入力 X の値のいかんにかかわらず $(X+D)_f$, $\{X+D+(1/2)\}_f$ は $0 \sim \delta$ の間に一様分布する。このような確率変数をディザとして量子化前に加算し,量子化後に減算すると,量子化雑音 N_q は式 (1.10),(1.14) により,入力 X に依存することなく $\pm \delta/2$ に一様分布する。

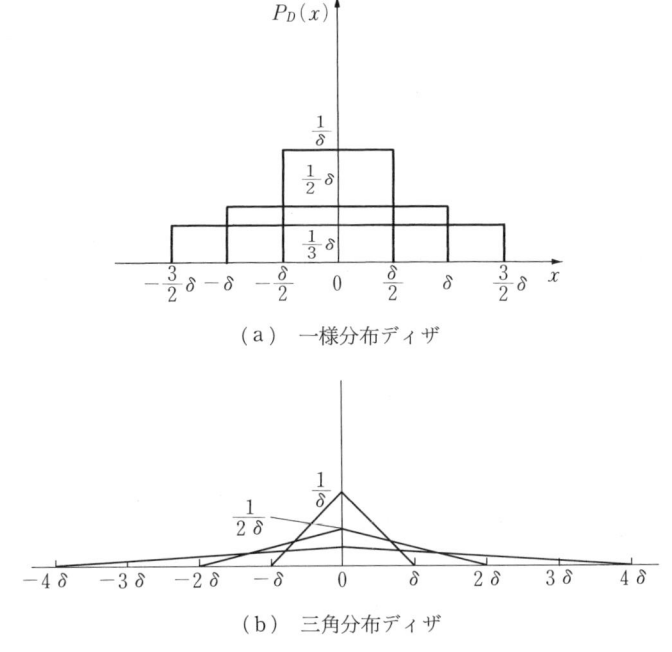

(a) 一様分布ディザ

(b) 三角分布ディザ

図 **1.7** 量子化雑音が一様分布するディザ確立密度関数

例えば,図 **1.8** に示すミッドライザ形量子化で,入力値が 1.7δ のとき,ディザがない場合は図(a)に示すように量子化出力は 1.5δ に一義的に決定さ

12　　1. 音のディジタル化

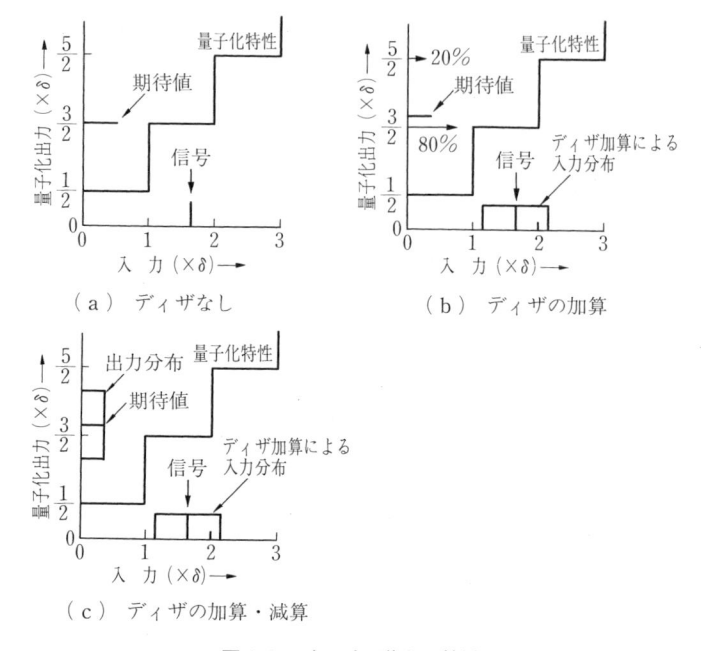

(a) ディザなし

(b) ディザの加算

(c) ディザの加算・減算

図 1.8　ディザの導入の効果

れる。したがって，このとき量子化雑音は -0.2δ と確定する。

$\pm \delta/2$ のディザを加算すると図 (b) に示すように，量子化出力は 80% は 1.5δ，残りの 20% は 2.5δ となる。量子化出力を長時間平均した期待値 $\overline{X}_q$ は

$$\overline{X}_q = (1.5\delta \times 0.8) + (2.5\delta \times 0.2) = 1.7\delta \tag{1.16}$$

となり，入力と一致する。

さらに，量子化出力からディザを減算すると図 (c) に示すように，出力は $1.7\delta \pm \delta/2$ に一様分布する。これは入力と同じ分布で，期待値は入力と等しい 1.7 となる。

図 1.9 はミッドライザ形量子化で，図 (a) はディザなし，図 (b) は $\pm \delta/2$，図 (c) は $\pm 2\delta$ に一様分布するディザを導入したときの，入出力特性と量子化雑音を示したものである。

図 1.10 は振幅 $\delta/2$ の正弦波を量子化した時間領域の波形と，信号の周波数を 1 kHz，標本化周波数を 40.96 kHz としたときの量子化出力の周波数スペ

1.2 量子化雑音とディザ

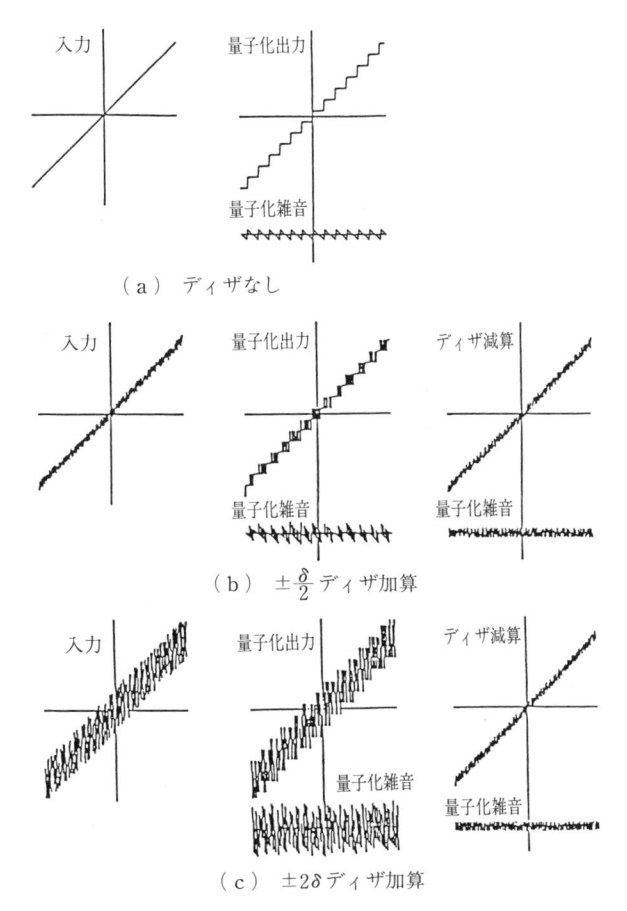

(a) ディザなし

(b) ±δ/2 ディザ加算

(c) ±2δ ディザ加算

図 1.9 ディザの分布と量子化出力，量子化雑音の関係

クトルである．図（a）はディザなし，図（b）は ±δ/2 のディザ加算，図（c）は ±δ/2 のディザを加算して量子化後にディザの減算を行ったものである．

図（b）から，ディザを加算しただけで減算を行わないと，量子化された波形は入力正弦波とは大幅に異なっている．また量子化雑音のエンベロープは入力正弦波とある種の相関はあるが，スペクトル分布を見るかぎり量子化雑音は白色化されている．量子化雑音電力はディザを加えない場合の2倍，$\delta^2/6$ となる．小振幅時も量子化電力の 1 kHz 成分は入力振幅に比例することがわか

14　1. 音のディジタル化

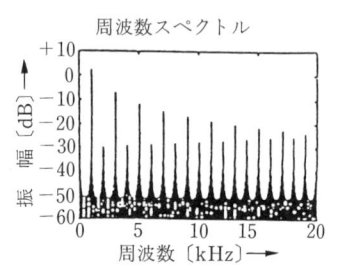

時間波形　　　　　　　周波数スペクトル

(a) ディザを加えない量子化

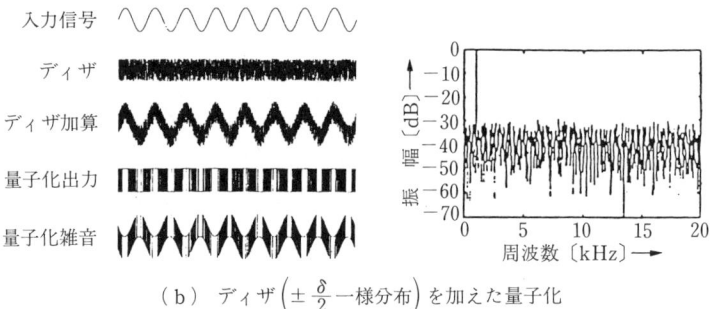

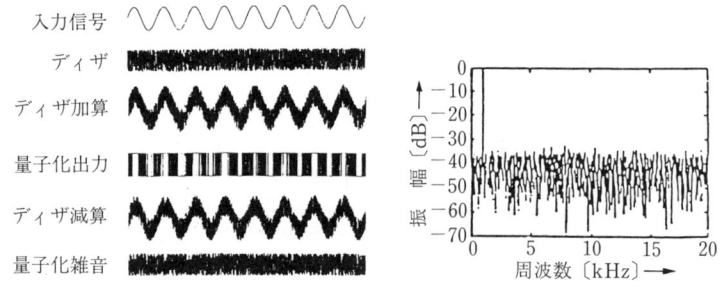

(b) ディザ $\left(\pm\dfrac{\delta}{2}\text{一様分布}\right)$ を加えた量子化

(c) 量子化後のディザの減算

図1.10　正弦波の量子化

る．

　さらにディザを減算すると，量子化された波形は入力の正弦波に一定振幅（±δ/2）の雑音が加算された形となる．量子化雑音は加えたディザと同様の±δ/2一様分布となり，量子化雑音電力はディザを加算しただけの場合に比べて半減し，ディザのない場合と等しい $\delta^2/12$ となる．すなわち，雑音は増加せずに入力信号と相関のない白色性の雑音に帰着しうることを示している．

1.2.4 ディザの役割

量子化へのディザ導入の役割をまとめるとつぎのようになる。

① ディザ導入の目的は雑音によるひずみの**マスキング**（masking）にあるのではなく，あくまでも入力と量子化雑音の無相関化にある。

② ディザがないと正弦波を入力したにもかかわらず，量子化器の出力はあたかも方形波が入力された形となり，奇数次の高調波が生じ，標本化周波数の1/2を超える成分は折り返される。帯域内の量子化雑音電力の総和は $\delta^2/12$ となる。量子化ステップ幅 δ 以下の小振幅入力では量子化出力の 1 kHz 成分の振幅は入力振幅に比例せず直線性も失われている。すなわち，量子化出力の期待値はディザがない場合入力値とは一致しない。

③ ディザとして $\pm \delta/2$ あるいはその整数倍に一様分布する確立変数を導入すると入力値と量子化出力の期待値とは一致する。ディザがない場合に生じる不感帯がなくなり，量子化ステップ以下の入力振幅値に対する出力 1 kHz 成分も入力に比例し直線性も確保できる。

④ 量子化雑音電力はディザなしおよび加算のみで減算を行わない場合は入力値に依存して $0 \sim \delta^2/4$ の間を変化する。入力がゆっくり変動すると量子化雑音電力が変調され耳で検知されることがある。量子化出力から加えたディザの減算を行うと入力のいかんによらず量子化雑音電力は一定値 $\delta^2/12$ となる。

⑤ ディザを加算，減算した場合量子化雑音電力は $\delta^2/12$ となり，ディザを導入しない場合と等しくなる。$\pm k\delta/2$ の（k は整数）ディザを加算しただけで減算を行わないと $(k^2 + 1)\delta^2/12$ となる。

1.3 ディザによる変換精度の向上

1.3.1 大振幅ディザによる変換精度の向上[6]

ところで現実の A-D 変換器や D-A 変換器には理想量子化特性からの誤差が存在する。図 **1.11** をよくみていただくとわかるが図（a）のラダー（梯子）抵抗形では全スイッチが反転する零交差付近に非一様性が生じ，図（b）の積

16   1. 音のディジタル化

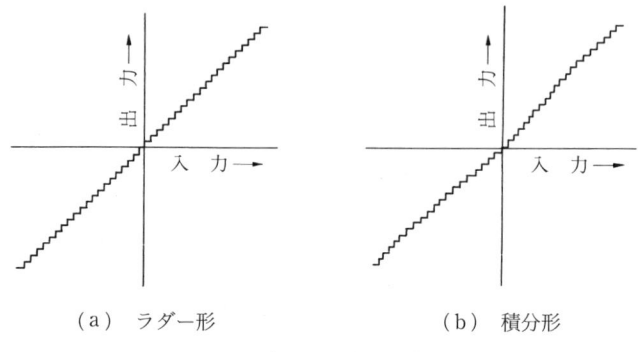

(a) ラダー形   (b) 積分形

図1.11 現実の量子化器の変換特性

分形では全体にうねりが生じている。ところで前述したように，$\pm\delta/2$ の整数倍に一様分布するディザを加算しても量子化後にディザを減算すれば，量子化雑音は $\pm\delta/2$ に一様分布する。

　誤差のある現実の変換器を使用する場合，かなり振幅の大きいディザを加算して A-D/D-A 変換し，量子化された信号から同じディザを引き去る手法を導入することにより，ディザ本来の効果のほかに誤差の分散，精度の向上が期待できる。すなわち，ディザがない場合あるいは振幅が小さい場合は量子化特性のごく一部しか使われないが，比較的振幅の大きいディザを入力に加算すると，量子化特性の広い部分が使われるので偏在していた誤差が分散，平均化されるわけである。

　図1.12 に入力が 1.3δ のときのミッドトレッド形の例を示す。図 (a) は量子化特性が理想的な場合を表し，ディザがない場合は，量子化出力は δ に一義的に確定され，量子化雑音 N_q は 0.3δ となる。

　$\pm 2\delta$ のディザを加算すると，量子化出力は $-\delta, 0, \delta, 2\delta, 3\delta$ に現れる。このうち $0, \delta, 2\delta$ にそれぞれ $1/4$，$-\delta$ に $1/20$，2δ に $1/5$ の確率で出現する。したがって，量子化出力の長時間平均値，すなわち期待値は

$$\left(-\delta \times \frac{1}{20}\right) + \left(0 \times \frac{1}{4}\right) + \left(\delta \times \frac{1}{4}\right) + \left(2\delta \times \frac{1}{4}\right) \times \left(3\delta \times \frac{1}{5}\right) = 1.3\delta \quad (1.17)$$

となり，入力値と一致する。

1.3 ディザによる変換精度の向上

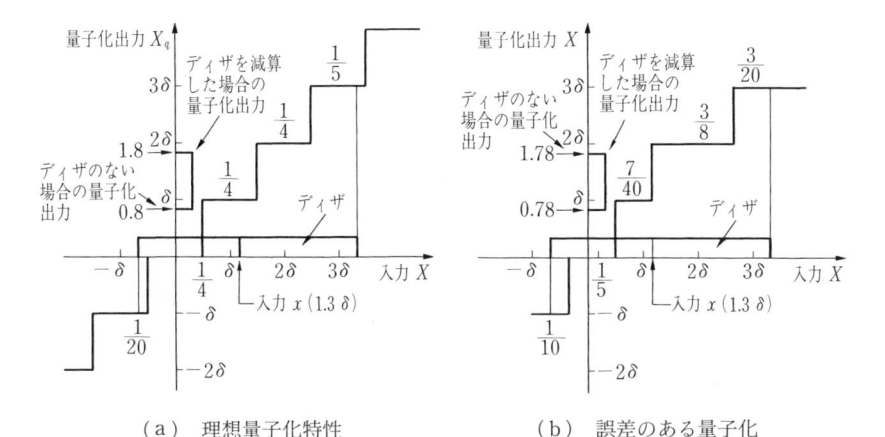

(a) 理想量子化特性　　(b) 誤差のある量子化

図 1.12　大振幅ディザによる変換誤差の軽減

さらに量子化出力から加えたディザを減算すると，$\pm\delta/2$ のディザを加算，減算した結果と同様に量子化を示す場合には出力は入力値 $1.3\delta \pm \delta/2$ に分布する。

つぎに，図（b）に示すような理想量子化特性からの誤差がある場合，ディザがないと量子化出力は 2δ に一義的に決まり，このとき $N_q = -0.7\delta$ である。$\pm\delta/2$ のディザを加算すると，量子化出力 X_q は，$-\delta$ に 1/10, 0 に 1/5, δ に 7/40, 2δ に 3/8, 1δ に 3/20 の確率で出現する。

量子化出力の期待値は

$$\left(-\delta \times \frac{1}{10}\right) + \left(0 \times \frac{1}{5}\right) + \left(\delta \times \frac{7}{40}\right) + \left(2\delta \times \frac{3}{8}\right) + \left(3\delta \times \frac{3}{20}\right) = 1.28\delta \quad (1.18)$$

となる。$N_q = -0.02\delta$ となり，ディザがない場合の 0.7δ に比べて大幅に減少している。

加算するディザの量は振幅が大きいほど効果はあるが，大きすぎると入力信号の過負荷レベルが下がるので，量子化ビット数 −4 bit 程度が適当である。

図 1.13 に 16 bit ラダー抵抗形 A-D 変換器を使って行った実験結果を示す。入力は最大振幅 −66 dB の 1 kHz の正弦波，標本化周波数は 44.1 kHz，図（a）はディザなしの量子化出力のスペクトル分布である。原理的に存在する

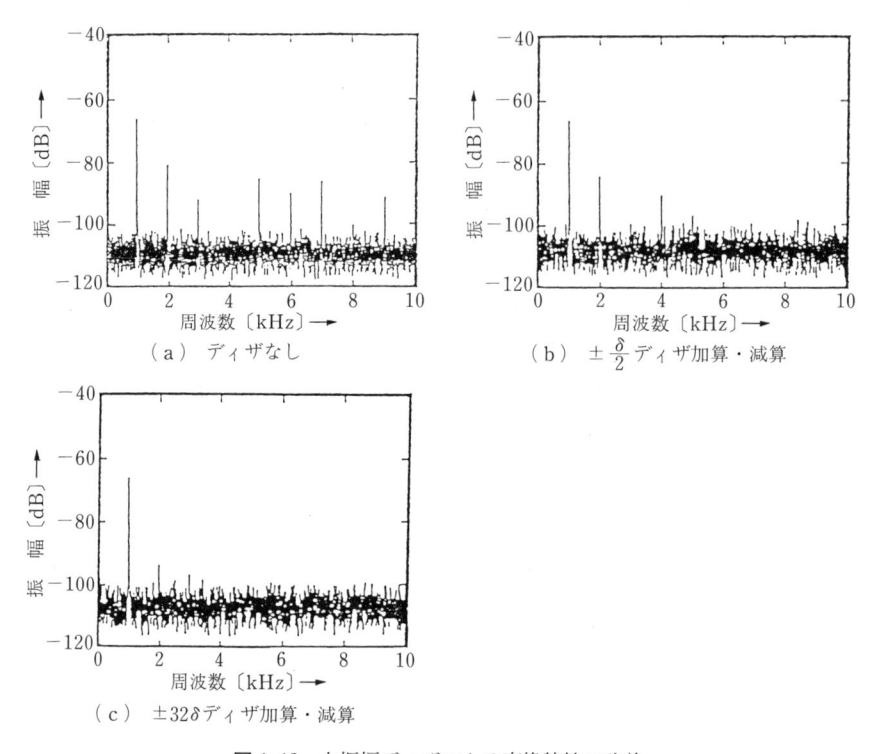

図 1.13 大振幅ディザによる変換特性の改善

(a) ディザなし
(b) ±$\frac{\delta}{2}$ディザ加算・減算
(c) ±32δディザ加算・減算

量子化雑音(奇数次高調波ひずみ)のほかに変換器の前述の理想変換特性からのずれに起因すると考えられる高調波ひずみが現れている。図(b)は理論的に必要,最小限の±$\delta/2$のディザを加算・減算した結果である。量子化雑音は白色化されるはずであるが,変換誤差に起因すると思われる高調波ひずみが残っている。図(c)は±32δのディザを加算・減算した結果である。高調波ひずみが大幅に軽減されているのが確認される。

1.3.2 高域集中ディザの効果

信号にディザを加算するさい,ディザの周波数分布を特定の帯域に集中させることによって,量子化後のディザの減算が行えない系に対してもディザを導入することができる[6],[7]。**図 1.14**にその構成図を示す。

図 1.14 高域集中ディザの加算

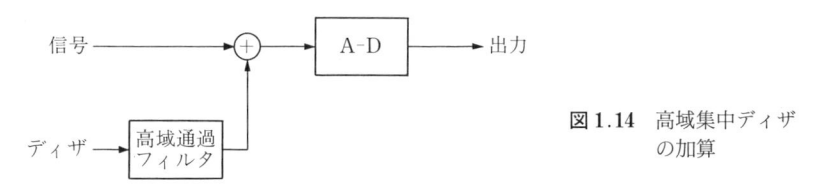

図 **1.15** に振幅 2δ の高域集中ディザを加算のみ，加算，減算をした場合の様子を示す。ここで注目すべきことは高周波数領域に大振幅ディザを集中させて加算した場合，図（c）に見られるように中低域の量子化雑音は減算を行ったときと同じレベルまで抑えられている。ディザを減算すると図（d）に示されるように全帯域で一様分布ディザの場合と同様な量子化雑音が得られる。

（a）ディザのない量子化

（b）帯域集中ディザの加算

（c）帯域集中ディザの加算量子化

（d）加算量子化後の帯域集中ディザの減算

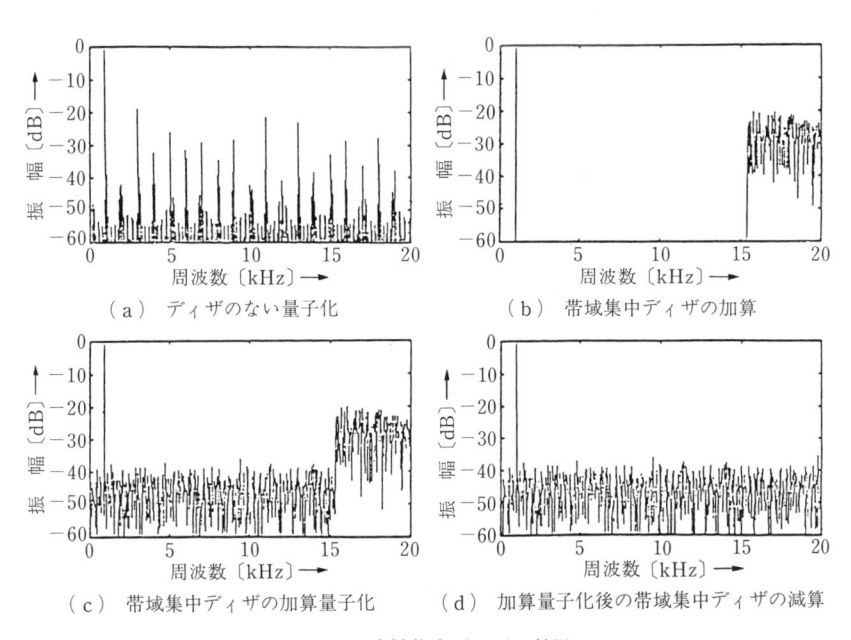

図 **1.15** 高域集中ディザの効果

1.3.3 標本化と量子化の関係

ところで，一般に標本化周波数が帯域を決定し量子化特性がダイナミックレンジをそれぞれ独立に決定するように受け取られている。しかし，じつは両者

は密接な関係をもっている。確かに標本化周波数が取り扱うことのできる帯域を決定する。そして，帯域内の量子化雑音電力は先に述べたように $\delta^2/12$ である。これは量子化ビット数を M としたとき最大振幅で正規化すると $2^{-2(M-1)}/12$ となる。ここで同じく最大振幅で正規化した信号電力を λ^2 とすると，信号対量子化雑音電力比 S/N_q は

$$\frac{S}{N_q} = \frac{\lambda^2}{2^{-2(M-1)}/12} = \frac{12\lambda^2}{2^{-2(M-1)}} \tag{1.19}$$

dB 表示すると

$$= 6.02(M-1) + 10.79 + 20\log\lambda \quad [\text{dB}] \tag{1.20}$$

となる。振幅 1 の正弦波の実効値は $\sqrt{1/2}$ であるから最大振幅の正弦波に対しては

$$\frac{S}{N_q} = 6.02M + 1.76 \quad [\text{dB}] \tag{1.21}$$

となり，量子化ビット数 M が多いほど S/N_q は大きくなりダイナミックレンジは広くなる。

　信号の振幅が大きく変化に富んでいる場合または，的確なディザ処理が行われていれば量子化雑音は一様分布しその電力は $\delta^2/12$ である。これは信号の帯域を一定とした場合，図 **1.16** に示すように標本化周波数が高いほど信号帯域内に分布する量子化雑音電力は小さくなる。したがって，量子化ビット数がた

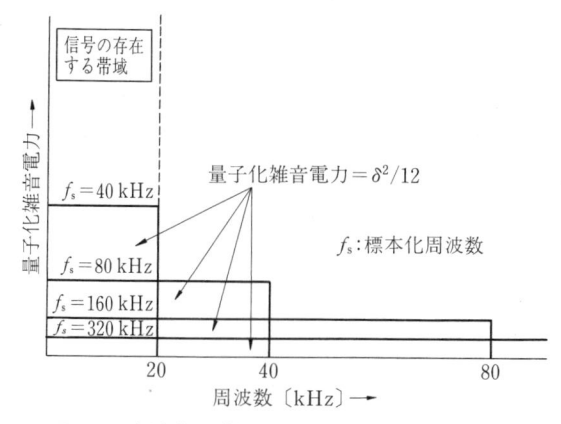

図 1.16 標本化周波数による量子化雑音分布の変化

とえ 1 bit であっても，標本化周波数を高くすることにより帯域内のダイナミックレンジは計算上はいくらでも広くとることが可能なことを示している。

標本化周波数を信号帯域の $2k$ 倍とすると量子化雑音の総電力は $\delta^2/12$，信号帯域では $\delta^2/(12k)$ となる。1.1.4 項で述べたようにまず必要な標本化周波数の k 倍の高い標本化周波数で標本化，量子化を行い，ディジタルフィルタで必要な標本化周波数のための帯域制限をしたうえ，標本を間引くことにより量子化雑音が $1/k$ になったディジタル信号が得られる。

1.4　各種の変換方式

図 1.17 に代表的な A-D/D-A 変換方式の構成図を，図 1.18 そのスペクトル分布を示す。

DAT や衛星放送で使われている 48 kHz 標本化，16 bit 量子化系を例に説明すると，

図（a）は基本的な方法で，アナログフィルタで帯域制限したうえ，サンプルホールド回路により 48 kHz で標本化し，16 bit で A-D 変換器で量子化する。復調時には 48 kHz，16 bit で D-A 変換し，アナログゲートなどでパルス列（PAM 波）を作りアナログローパスフィルタで補間を行う。折り返し雑音の影響を避けるべくアナログフィルタには急峻な遮断特性を要求され一般に 10 次以上のチェビシェフ形のフィルタが使われる。

図（b）はいわゆるオーバサンプリング方式と呼ばれる手法で，A-D 変換を所定の標本化周波数より高い（一般に整数倍）周波数で標本化，量子化したディジタル信号をディジタルローパスフィルタで帯域制限を行ったうえ，デシメーション（間引き）処理により 48 kHz，16 bit に変換する。

復調時には反対にディジタル補間フィルタにより例えば 4 倍の標本値列を作り，高い標本化周波数で D-A 変換する。この方法では帯域制限はディジタルフィルタで実行されるので，アナログフィルタは低次の穏やかな遮断特性で十分であり負担は大幅に軽くなる。また，標本化周波数に応じて量子化器のビッ

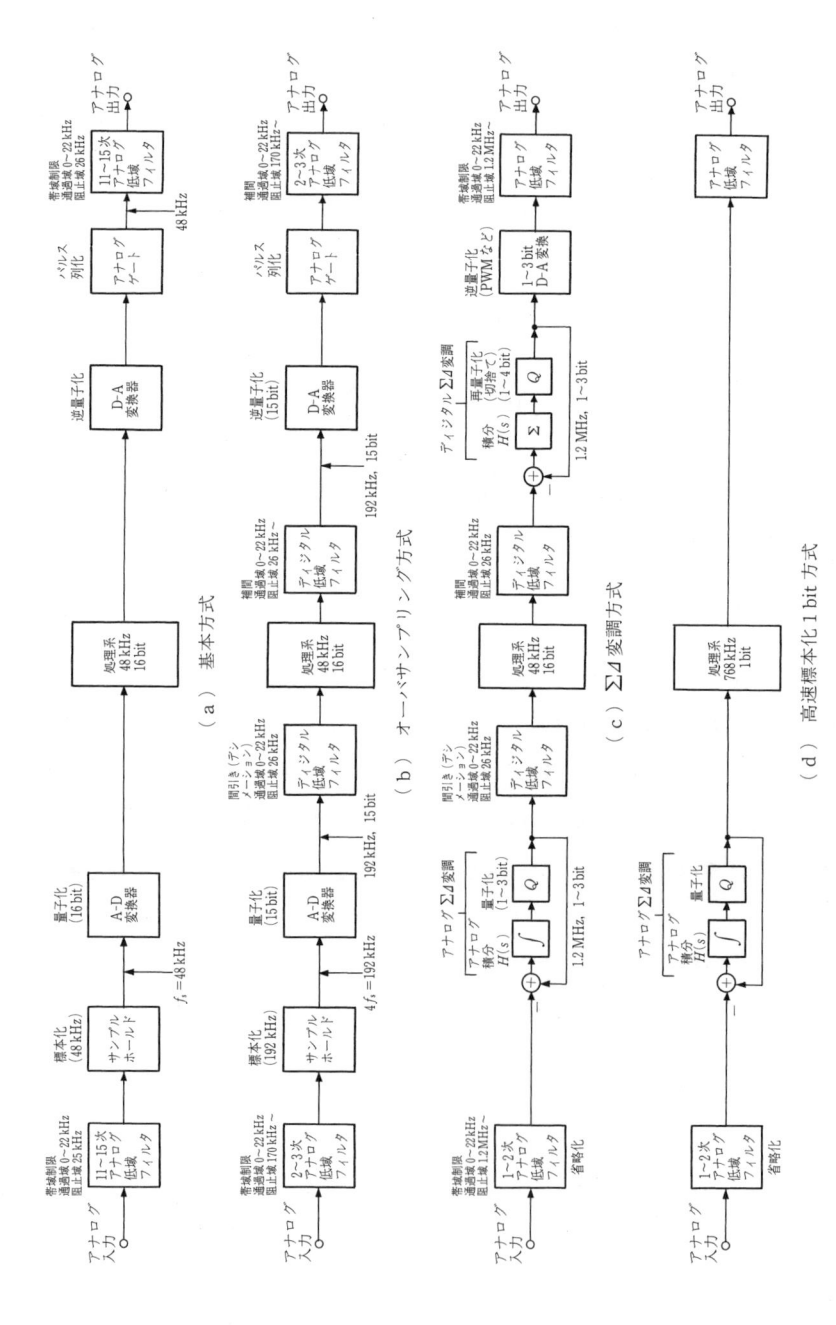

図1.17 各種のA-D/D-A変換方式

1.4 各種の変換方式

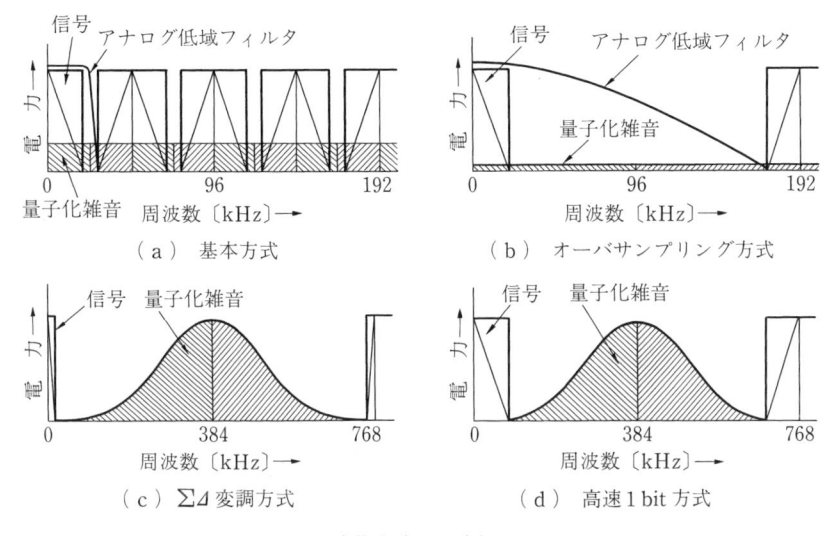

図1.18 変換方式と周波数スペクトル
(a) 基本方式
(b) オーバサンプリング方式
(c) ΣΔ変調方式
(d) 高速1 bit方式

ト数を減らすことができる．同じ精度の量子化器を使用した場合には量子化精度が向上する．CDプレーヤなどに標本化周波数を2〜16倍としたこの方式が広く使われている．

図(c)は安田靖彦氏らが1961年に提案したΔΣ変調(本書ではΣΔ変調と呼ぶ)と呼ばれる変換方式で量子化器を帰還ループの中に設けることにより量子化雑音に微分特性すなわち高域上がりの特性を与えている[8),9)]．この動作を**ノイズシェーピング**(noise shaping)方式と呼ぶ．標本化周波数を高く設定することにより，少ないビット数で広いダイナミックレンジが得られる．図(b)と同様に帯域制限，補間はディジタルフィルタで行われるが，一般に標本化周波数は図(b)の場合よりも高く設定されるのでアナログフィルタの負担はさらに軽くなる．多くの場合，標本化周波数が十分高いのでA-D変換前のアナログフィルタやサンプルホールド回路は省略することができる．

フィリップス社では第一世代のCDプレーヤに14 bit D-A変換器と44.1 kHzの4倍176.4 kHz標本化によるノイズシェーピング方式のD-A変換を採用していた．

図 (a), (b) の変換にはほとんどの場合逐次比較形や積分形の A-D 変換器, ラダー抵抗形やダイナミックエレメントマッチングあるいは積分形の D-A 変換器が使われる。これらの変換器が抵抗やコンデンサの充放電の精度に頼っているのに対し, $\Sigma\Delta$ 方式には時間軸の精度を利用したビット数の少ない量子化器が使われることが多い。図 (d) は量子化ビット数を1としそのまま伝送処理する, 1.6 節で紹介する高速1 bit 変換方式である。

1.5 高速1ビット変換の原理

1.5.1 $\Sigma\Delta$ 変調方式の基本構成

図 1.19 に1次の $\Sigma\Delta$ 変調方式の基本構成を示す。積分回路 (Σ) と, 差を

図 1.19 $\Sigma\Delta$ 変調方式の基本構成

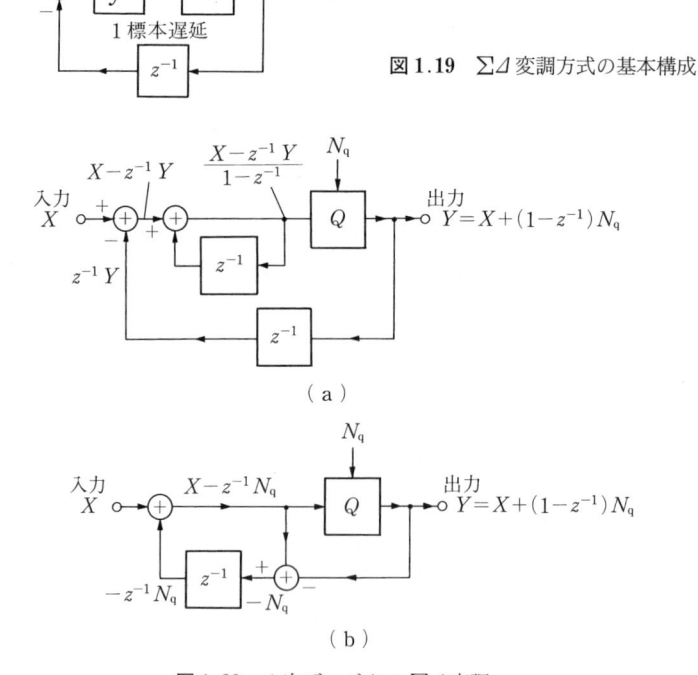

(a)

(b)

図 1.20 1次ディジタル $\Sigma\Delta$ 変調

とる部分（Δ）と量子化器から構成される．積分をディジタル遅延装置を使って構成すると図 1.20（a）のようになり，二つの遅延部をまとめるとさらに図（b）のようになる[10]．

A-D 変換は積分することにより図 1.21 のようになる．量子化器が複数ビット構成の場合には 1 標本遅延部分に D-A 変換器を設けなければならないが，1 bit の場合には特に D-A 変換器は必要なく遅延を兼ねたフリップフロップを使うことができる．

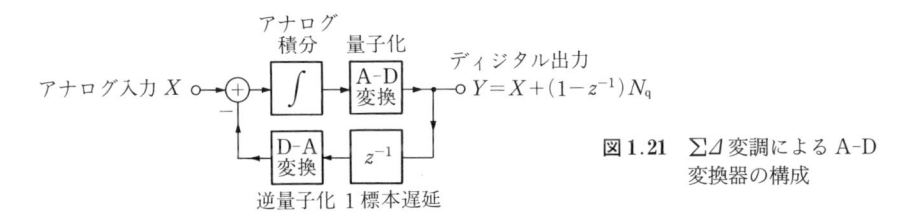

図 1.21 ΣΔ 変調による A-D 変換器の構成

1.5.2 1 次 ΣΔ 変調

量子化で入力と無相関な量子化雑音 N_q が発生するものと仮定すると，1 次の ΣΔ 変調の出力 Y_1 は

$$Y_1 = X + (1 - z^{-1})N_q \tag{1.22}$$

となり，1 次の ΣΔ 変調の量子化雑音 N_{q1} は

$$N_{q1} = (1 - z^{-1})N_q \tag{1.23}$$

となり，1 標本遅延した量子化雑音との差，量子化雑音 N_q を微分した形になる．

量子化器の量子化ステップ数が十分多い場合または的確なディザが導入されている場合は前述のように量子化雑音は $0 \sim f_s/2$ に一様分布し総電力は $\delta^2/12$ となる．すなわち，パワースペクトル $N_q(f)$ は

$$N_q(f) = \frac{\delta^2}{6f_s} \tag{1.24}$$

となる．

したがって，量子化雑音の伝達特性 $1 - z^{-1}$ を $H(z)$ と表すと 1 次 ΣΔ 変調

の量子化雑音のパワースペクトル

$$N_{q1}(f) = H(z) \cdot H^*(z^{-1}) N_q \tag{1.25}$$

は，ここで $z = \exp j2\pi f/f$ とおくことにより

$$N_{q1}(f) = 4 \cdot \sin^2\left(\frac{\pi f}{f_s}\right) \cdot \frac{\delta^2}{6f_s} \tag{1.26}$$

となり，$0 \sim f$ の量子化雑音電力 N_q はこれを積分することにより

$$N_{q1}(f) = \frac{\delta^2}{6f_s} \int_0^f 4 \cdot \sin^2\left(\frac{\pi f}{f_s}\right) df = \frac{\delta^2}{6}\left\{\frac{2f}{f_s} - \frac{\sin(2\pi f/f_s)}{\pi}\right\} \tag{1.27}$$

となる。

$0 \sim f_s/2$ の全量子化雑音電力は $\delta^2/6$ となり，$\Sigma\Delta$ 変調を行わない場合の2倍となっている。

式 (1.23) において低周波数領域では $\sin 2\pi f/f_s = 2\pi f/f_s$ と近似できるので

$$N_{q1}(f) = \frac{2}{9}\frac{\delta^2}{\pi^2}\left(\frac{f}{f_s}\right)^3 \tag{1.28}$$

となる。M〔bit〕で表現できる最大振幅の正弦波の電力は $(2^{M-1})^2\delta^2/2$ であるから，低周波域の SN 比を dB で表すと

$$\frac{S}{N_{q1}} = 10\log_{10}\left\{\frac{9}{16\pi^2}(2^{M-1})^2\left(\frac{f_s}{f}\right)^3\right\} \text{〔dB〕} \tag{1.29}$$

となる。標本化周波数を2倍にすると SN 比は約 9 dB 改善される。14 bit 量子化で 20 kHz の帯域で 100 dB の SN 比を得るには 160 kHz，1 bit 量子化では約 112 MHz の標本化周波数が必要である。

なお，ここで量子化雑音は入力と無相関と仮定したが，この条件を満たすのは前述の量子化ステップ数が十分多い場合，量子化ステップあるいはその整数倍に一様分布するディザが重畳・減算されている場合に限られる。

1.5.3　2次 $\Sigma\Delta$ 変調

図 1.22 に2次の $\Sigma\Delta$ 変調の構成を示す。量子化出力 Y_2 は

$$Y_2 = X + (1 - z^{-1})^2 N_q \tag{1.30}$$

(a)

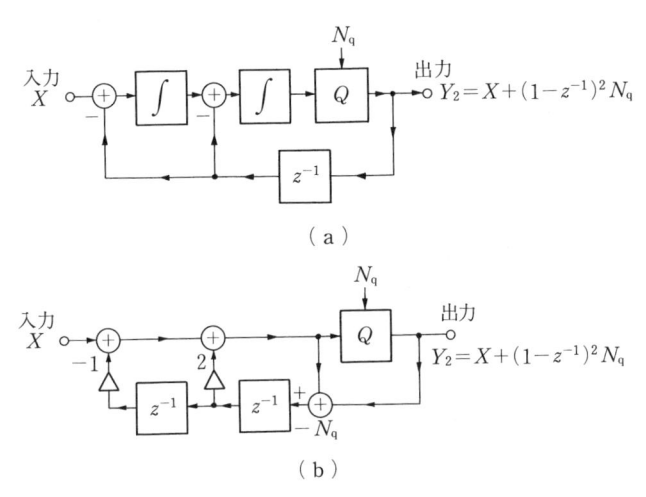

(b)

図1.22 2次の$\Sigma\Delta$変調

となり，量子化雑音は2次微分された形となる。

1次の場合と同様に量子化雑音のパワースペクトルを求めると

$$N_{q2}(f) = 16\cdot\sin^4\left(\frac{\pi f}{f_s}\right)\cdot\frac{\delta^2}{6f_s} \tag{1.31}$$

となる。$0 \sim f_s/2$ の全量子化雑音電力は $\delta^2/2$ となり，$\Sigma\Delta$ 変調を行わない場合の6倍に増加する。しかるに低周波数領域では

$$N_{q2}(f) = \frac{8\delta^5}{15}\cdot\pi^4\left(\frac{f}{f_s}\right)^5 \tag{1.32}$$

となり，f/f_s が1より十分に小さいことを考慮すれば，量子化雑音は大幅に減少していることがわかる。SN比は

$$\frac{S}{N_{q2}} = 10\log_{10}\left\{\left(\frac{15}{64\pi^4}\right)(2^{M-1}-1)^2\left(\frac{f_s}{f}\right)^5\right\} \text{ (dB)} \tag{1.33}$$

となり，標本化周波数が2倍になると約15 dB改善される。

14 bit量子化で20 kHz帯域で100 dBのSNを得るには100 kHz，1 bit量子化でも約6.7 MHzという1次に比較して大幅に低い標本化周波数で実現できる。

1.5.4 高次の $\Sigma\Delta$ 変調

一般に n 次の $\Sigma\Delta$ 変調の量子化出力 Y_n は

$$Y_n = X + (1 - z^{-1})^n N_q \tag{1.34}$$

となり，量子化雑音のパワースペクトル $N_{qn}(f)$ は

$$N_{qn}(f) = (1 - z^{-1})^n \cdot (1 - z)^n \frac{\delta^2}{6f_s} = 2^{2n}\sin^{2n}\left(\frac{\pi f}{f_s}\right)\frac{\delta^2}{6f_s} \tag{1.35}$$

となる．図 1.23 に次数による量子化雑音のパワースペクトルの変化，図 1.24 に低周波数領域における量子化雑音のパワースペクトル，図 1.25 にそのデシベル表示を示す．このように $\Sigma\Delta$ 変調の次数を上げると高域の量子化雑音の

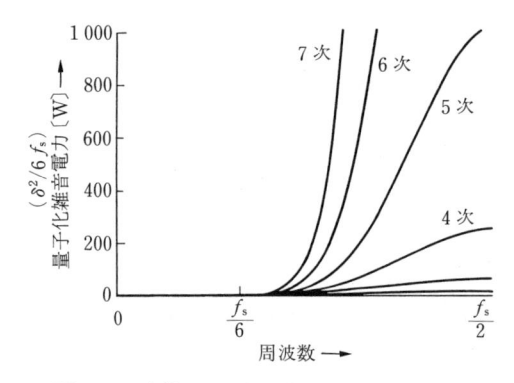

図 1.23 次数による量子化雑音のパワースペクトルの変化

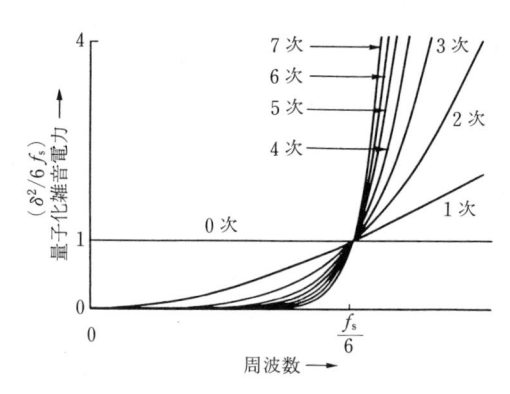

図 1.24 次数による低周波数領域のパワースペクトルの変化

1.5 高速1ビット変換の原理

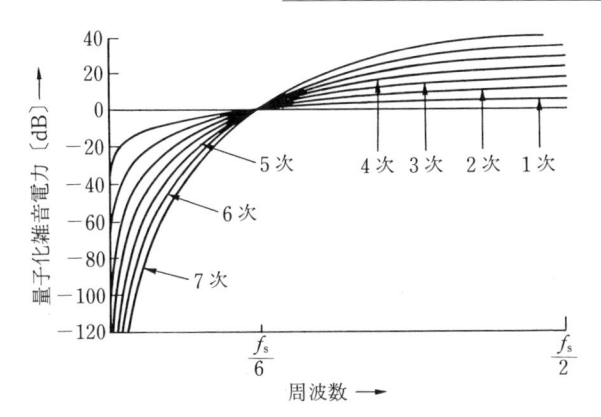

図1.25 次数による量子化雑音のパワースペクトルの変化
（デシベル表示）

総電力は増えているが，$f_s/6$ 以下の低周波数領域の分布は急速に減少している。

表1.1 に $\Sigma\Delta$ 変調の出力，量子化雑音のスペクトル，低周波数領域の量子化雑音電力を示す。

表1.1 $\Sigma\Delta$ 変調の量子化雑音

次数	出力 Y	量子化雑音のスペクトル $N_q(f)$	$0\sim f_s/2$ の量子化雑音電力	低域 $0\sim f$ の雑音電力（1～4次は近似）	$0\sim f_s/32$ の量子化雑音電力
0	$X + N_q$	$\dfrac{\delta^2}{6f_s}$	$\dfrac{\delta^2}{12}$	$\dfrac{\delta^2}{6}\left(\dfrac{f}{f_s}\right)$	$6.25\times 10^{-2}\cdot\dfrac{\delta^2}{12}$
1	$X + (1-z^{-1})N_q$	$4\sin^2\left(\dfrac{\pi f}{f_s}\right)\cdot\dfrac{\delta^2}{6f_s}$	$2\cdot\dfrac{\delta^2}{12}$	$\dfrac{2}{9}\delta^2\pi^2\left(\dfrac{f}{f_s}\right)^3$	$4.02\times 10^{-4}\cdot\dfrac{\delta^2}{12}$
2	$X + (1-z^{-1})^2 N_q$	$16\sin^4\left(\dfrac{\pi f}{f_s}\right)\cdot\dfrac{\delta^2}{6f_s}$	$6\cdot\dfrac{\delta^2}{12}$	$\dfrac{8}{15}\delta^2\pi^4\left(\dfrac{f}{f_s}\right)^5$	$1.86\times 10^{-5}\cdot\dfrac{\delta^2}{12}$
3	$X + (1-z^{-1})^3 N_q$	$64\sin^6\left(\dfrac{\pi f}{f_s}\right)\cdot\dfrac{\delta^2}{6f_s}$	$20\cdot\dfrac{\delta^2}{12}$	$\dfrac{32}{21}\delta^2\pi^6\left(\dfrac{f}{f_s}\right)^7$	$5.12\times 10^{-7}\cdot\dfrac{\delta^2}{12}$
4	$X + (1-z^{-1})^4 N_q$	$256\sin^8\left(\dfrac{\pi f}{f_s}\right)\cdot\dfrac{\delta^2}{6f_s}$	$70\cdot\dfrac{\delta^2}{12}$	$\dfrac{128}{27}\delta^2\pi^8\left(\dfrac{f}{f_s}\right)^9$	$1.53\times 10^{-8}\cdot\dfrac{\delta^2}{12}$

2次以下の $\Sigma\Delta$ 変調は安定に動作するが，3次以上の構成では量子化ステップ数の制約や現実の量子化雑音が量子化器の入力と相関をもつことなどにより，しばしばその動作が不安定となる。さまざまな工夫により高次の安定した $\Sigma\Delta$ 変調も実現されている。

1.5.5 系の安定性

安定性は伝達関数の極の位置に支配される．特性方程式の極がすべて z 平面上の単位円内に存在すれば系は安定に動作する．

図 1.26 に示すように1次と2次の $\Sigma\varDelta$ 変調は絶対安定であるが，3次以上の安定動作は保証されていない．

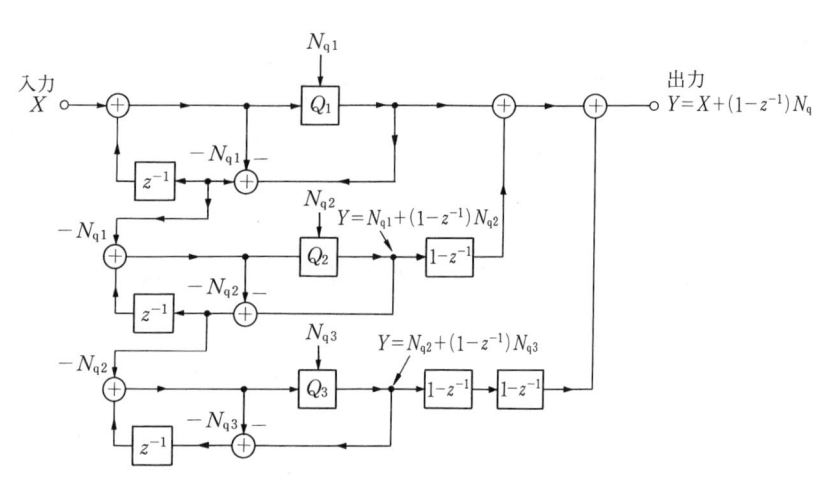

図 1.26　1次 MASH の構成

〔1〕 零点の移動

図 1.27 に示すように，基準系は不安定な1bit 3次 $\Sigma\varDelta$ 変調を変形して極

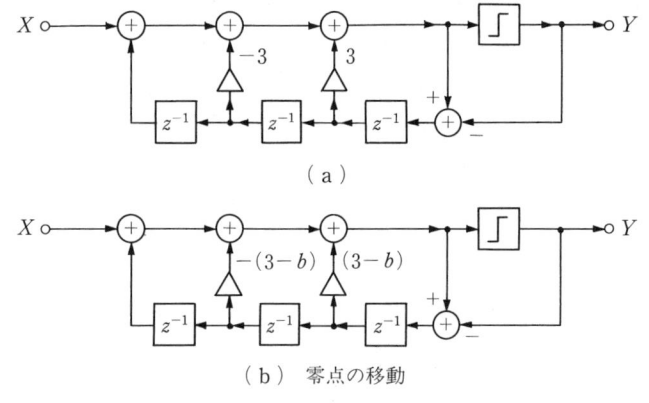

(a)

(b) 零点の移動

図 1.27　3次 $\Sigma\varDelta$ 変調の零点の移動

と零点を制御することにより動作は安定する。図（b）の伝達関数は

$$Y = X + \{1 - (3-b)\cdot z^{-1} + (3-b)\cdot z^{-2} - z^{-3}\}\cdot N_q \qquad (1.36)$$

となり，b を適当に選ぶと系は安定に動作し b の値により $N_{q3}(f)$ の特性は図1.28のように変化する[11]。

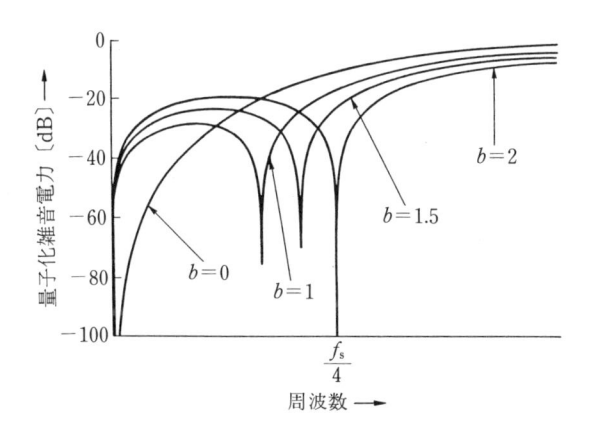

図1.28 重み系数による量子化雑音のスペクトルの変化

〔2〕 **積分系の多段従属接続**

図1.29に示すように積分器 $H_1 \sim H_n$ を従属接続し，それぞれに重み付けをして加算し1bit量子化器に入力する加重加算接続方式で重みを適当に選ぶと系は安定に動作する。また積分器の間にフィードバックループを設けることで極と零点の制御が可能である。

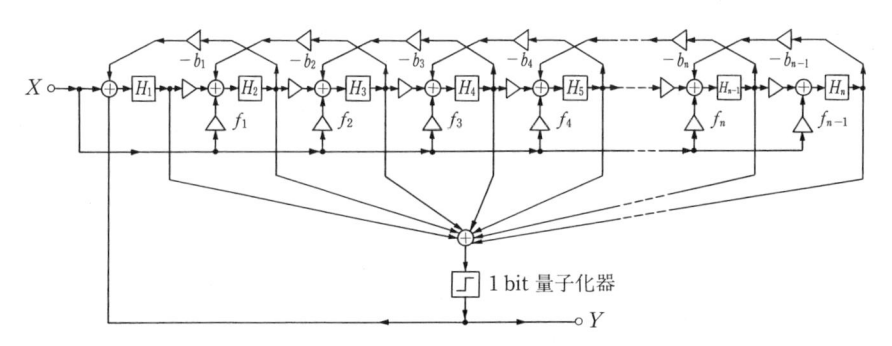

図1.29 フィードバック・フォワード高速1bit量子化雑音の構成

量子化雑音 N_q が入力 X と無相関になるように的確なディザなどが導入されているとき，出力を Y，積分の次数を n とすると伝達関数は

$$Y = H_X \cdot X + H_N \cdot N_q$$

$$H_X = \frac{\sum_{n-1}^{n} a_p \cdot (1-z^{-1})^{n-p}}{(1-z^{-1}) + z^{-1} \cdot \sum_{n=1}^{n} a_p \cdot (1-z^{-1})^{n-p}}$$

$$H_N = \frac{(1-z^{-1})^n}{(1-z^{-1}) + z^{-1} \cdot \sum_{n=p}^{n} a_p \cdot (1-z^{-1})^{n-p}} \tag{1.37}$$

と表せる。ここで

$$\frac{a_n}{a_{n-1}} < \frac{1}{2} \tag{1.38}$$

の場合，系は安定に動作する。

例えば，図 1.30 に示す 5 次従属積分形 $\sum\Delta$ 変調で $a_1 \sim a_n$ がすべて 1 で，フィードバックループがないときの伝達関数を求めると

$$Y = H(z) \cdot X + (1-z^{-1})^n \cdot N_q$$

$$H(z) = \sum_{m=0}^{n-1} (1-z^{-1})^m \tag{1.39}$$

となり，n 次 $\sum\Delta$ 変調の基本形を構成するが 1 bit では式 (1.38) の条件を満たさず安定に動作しない。

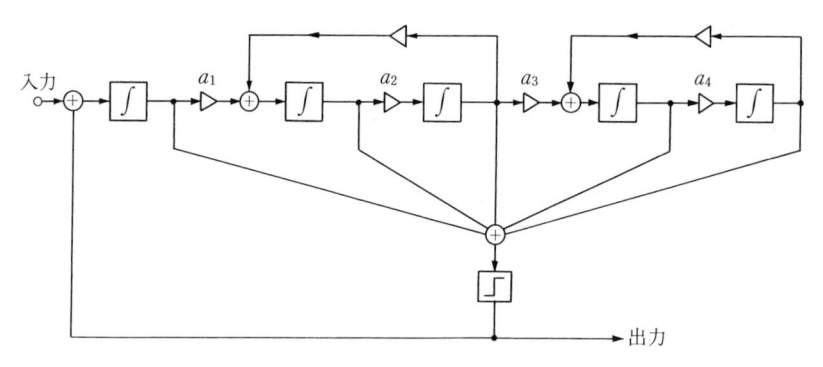

図 1.30　5 次従属積分形 $\sum\Delta$ 変調器

1.5.6 MASH 方 式

図 1.31 に示す $\Sigma\Delta$ 変調器の多段従属接続（MASH）は，NTT の松谷，内村，岩田が考案した $\Sigma\Delta$ 変調化器を多段に従属接続し段数に応じて微分したうえ加算することにより高次の安定した動作を確保するものである[12),13)]。

図 1.31 3 次 MASH の構成

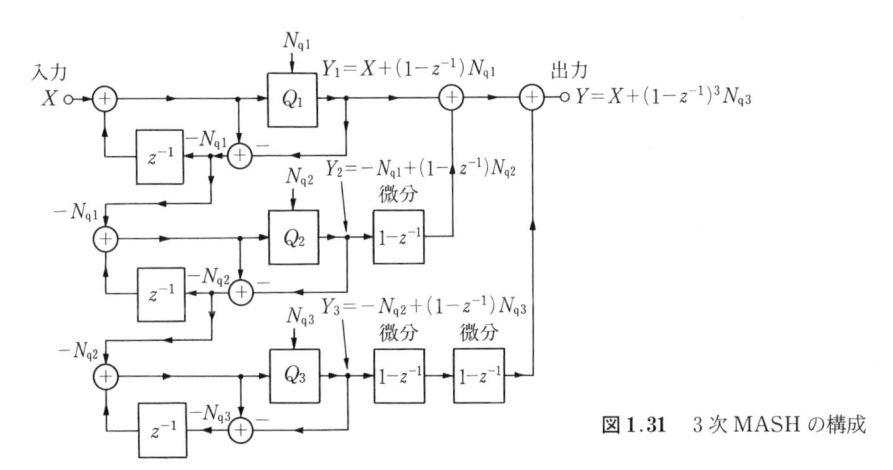

図 1.31 の各量子化器の出力は

$$Y_1 = X + (1 - z^{-1})N_{q1}$$
$$Y_2 = -N_{q1} + (1 - z^{-1})N_{q2}$$
$$Y_3 = -N_{q2} + (1 - z^{-1})N_{q3} \tag{1.40}$$

となり，Y_2 を 1 階，Y_3 を 2 階微分として Y_1 に加えることにより，最終出力は

$$Y = Y_1 + (1 - z^{-1})Y_2 + (1 - z^{-1})^2 Y_3$$
$$= X + (1 - z^{-1})^3 N_{q3} \tag{1.41}$$

となる。量子化器 Q_1，Q_2 の量子化雑音は打ち消され，1 次の $\Sigma\Delta$ 変調が実現する。

ただし出力部に加算があり，各ブロックを 1 bit 量子化で構成しても出力は複数 bit となってしまい後述の 1 bit 量子化は不可能である。松谷，山田らは図 1.32 に示すような 1 bit 動作も可能な構成を提案している[14)]。

34   1. 音のディジタル化

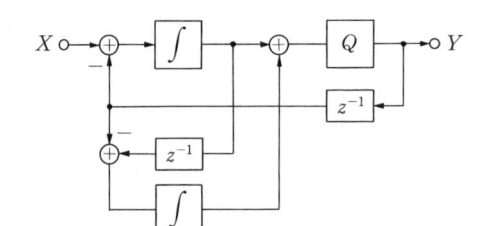

図 1.32　1 bit 動作も可能な 2 次 MASH

1.6　高速 1 ビット方式の量子化雑音

1.6.1　PCM，⊿変調，∑⊿変調

∑⊿変調とディジタル LPF を併用した A-D/D-A 変換器が広く使われているが，近年 ∑⊿変調の出力を帯域制限して通常のマルチビットのディジタル信号になど変換せず，1 bit の出力をそのままディジタル信号として扱う簡潔な処理系が提案され[16]，10 年来各種信号処理に応用されている[18),19)]。各種の音響信号をこの方式で記録したファイルが 1 ビットオーディオコンソーシアム

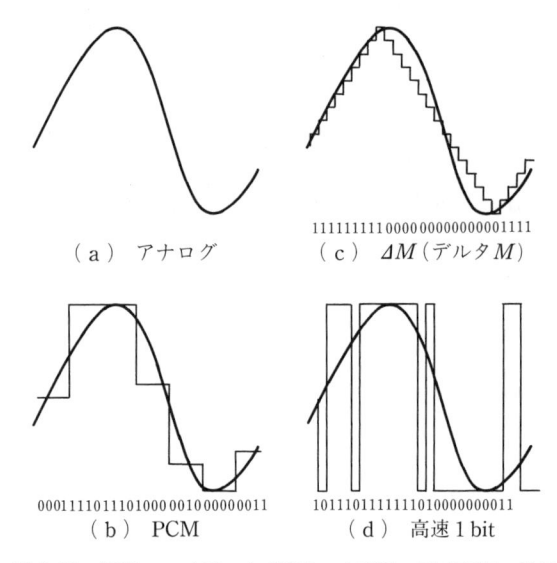

（a）アナログ

（c）⊿M（デルタM）
1111111100000000000001111

（b）PCM
000111101110100001000000011

（d）高速 1 bit
101110111111010000000011

図 1.33　通常マルチビット PCM，⊿変調，∑⊿変調の比較

のホームページ（www.acoust.rise.waseda.ac.jp）上で公開されている。

図 1.33 に通常のマルチビット PCM 方式（標本化周波数 f_s, 量子化ビット数 4 bit）と構成が簡単で留守番電話の録音などに使われた Δ 変調（ΔM）（4 f_s, 1 bit）と $\Sigma\Delta$ 形高速 1 bit 方式（4 f_s, 1 bit）の構成と符号化出力の比較を示す。同じ 1 bit でも，Δ 変調が通常方式の LSB（最小桁 δ）に対応しているのに対し，$\Sigma\Delta$ 方式では MSB（最上位桁 Δ）に等しい 1 bit である点に留意いただきたい。

1.6.2　量子化雑音の分布

量子化雑音電力が $\delta^2/12$ となるのは量子化ビット数が十分多いマルチビット量子化のときのみである。1 bit 量子化の出力は $\pm\delta$ の値のみをとるのでその出力電力は δ^2 である。すなわち，マルチビットとは異なり信号と量子化雑音の総電力が δ^2 で一定で量子化雑音電力は信号のレベルに依存するはずである。

5 次加重加算形 $\Sigma\Delta$ 変調（標本化周波数 512 kHz）で構成した 1 bit 量子化系に -12 dB から -66 dB, 1 kHz 正弦波を入力したときの量子化雑音のスペクトルを図 1.34 に示す。入力レベルによりスペクトルが微妙に変化している様子が観測される。

1.6.3　量子化雑音の一般調和解析による分析

一般に信号のスペクトル解析には FFT が多用されているが，FFT では周期関数を前提としているので，信号によっては周波数成分を定量的に厳密には解析できないことがある。また，非周期性の信号の FFT 解析には時間窓を用いざるをえないが，その影響が生じるので厳密な分析が不可能である。FFT で 1 bit 符号化信号の量子化雑音を解析すると，正確な周波数分布と厳密な総電力が求められず，量子化雑音の総電力の理論値と実測値の関係を説明しきれない。そこで音響信号の解析手法として牛山，東山，飯塚，平田により提案された概周期関数に基づく**一般調和解析**（generalized harmonic analysis, GHA）による量子化雑音の分析を試みる。

36   1. 音のディジタル化

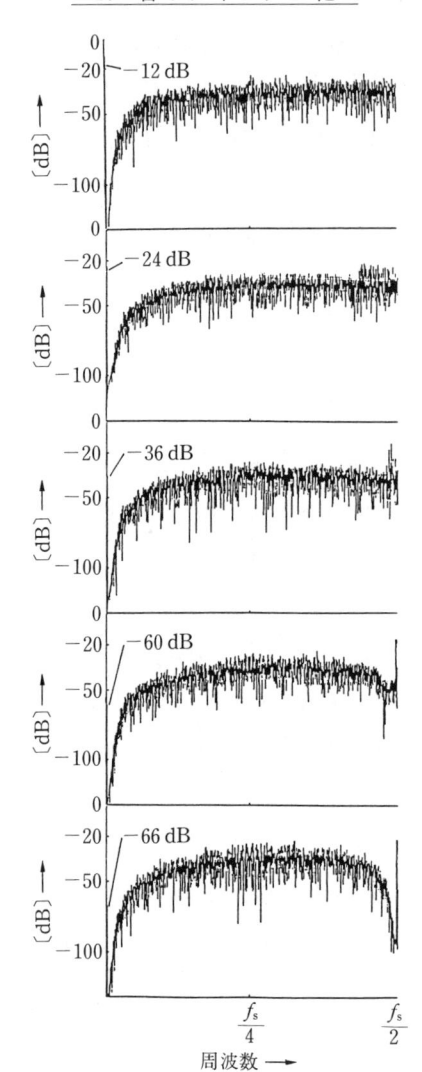

図 1.34 入力信号のレベルと量子化雑音のスペクトル（5次1bit）

　一般調和解析は観測区間内で原波形から残差成分が最小となる正弦波を抽出し，残差成分に同様の処理を繰り返すという単純明快な解析手法である．

　概周期関数はその定義域内で

$$\left| f(x) - \sum_{k=1}^{n} A_k e^{j\Lambda_k x} \right| \leq \varepsilon \tag{1.42}$$

を満足する関数 $f(x)$ として定義される．ただし A_k は複素数，Λ_k は実数，$\varepsilon > 0$ である．

観測区間 L で観測された連続信号 $x_0(t)$ があるとき．フーリエ係数

$$S(f) = \frac{2}{nT}\int_0^{nT} x_0(t)\sin(2\pi ft)dt \tag{1.43}$$

$$C(f) = \frac{2}{nT}\int_0^{nT} x_0(t)\cos(2\pi ft)dt \tag{1.44}$$

を計算する．ただし f [Hz] は任意の周波数で，$T = 1/f$ [s]，n は整数．また，$nT \leq L$ である．そして $S(f)$，$C(f)$ をもとに残差のエネルギーを求める．残差 ε は

$$\varepsilon(t,\ f) = x_0 - S(t)\sin(2\pi ft) - C(t)\cos(2\pi ft) \tag{1.45}$$

となり，そのエネルギーは観測区間内において

$$E(f) = \int_0^{nT} \varepsilon(t,\ f)^2 dt \tag{1.46}$$

である．この $E(f)$ を最小にする f_1 をもとに $S_1(f_1)$，$C_1(f_1)$ を求める．求めた周波数成分を取り除き，$\varepsilon(t,\ f)$ を再び原信号とみなしてこれまでのプロセスを繰り返す．これを N 回繰り返して残差のパワーが必要最小限になるまで行う．

概周期関数を用いた一般調和解析には

① 非調和的な信号を記述できる，

② 分析区間を越えて信号の予測ができる，

③ 短時間フーリエ解析では不可能なわずかな周波数変動を分析することができる，

などの特徴がある．

標本化周波数の 5/24 の正弦波を測定点数 512 点の GHA と FFT（方形窓）で分析した結果を図 **1.35** 示す．これらの結果により両者を比較すると GHA は窓の影響がなく，実際に入力した信号以外の信号はまったく誤検出していないことがわかる．

図 **1.36** に 5 次 1 bit 符号化の 512 点で標本化周波数を 1.536 MHz とした高

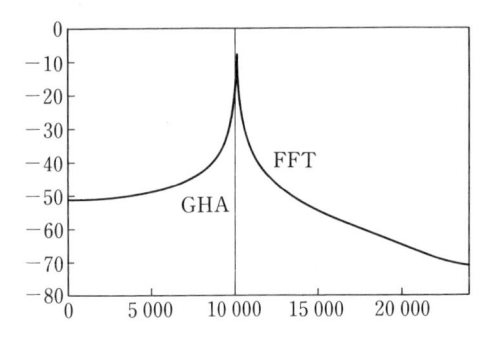

図 1.35 GHA と FFT による正弦波解析

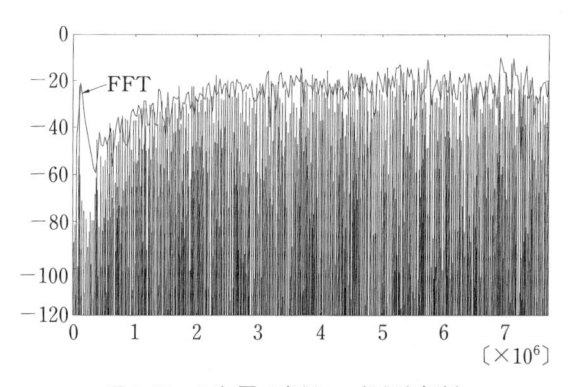

図 1.36 5 次 $\Sigma\Delta$ 変調の一般調和解析

速 1 bit 信号を一般調和解析と FFT で分析した結果を示す。FFT では自動的に周波数成分は等間隔に決まるが，GHA では任意に選ぶことが可能である。ここでは大きなものから 1 000 の周波数成分を抽出した。両者のローカルピークはおおよそ一致しているが，GHA ではより正確な信号成分の周波数がとらえられている。

　以上述べたように，一般調和解析が高速 1 bit 処理系の分析に有効な手段であることがわかる。現時点で FFT と比較して同じ点数の場合でも，膨大な解析処理時間がかかっている。ところで，マスキングや臨界帯域など聴覚特性を考慮した量子化雑音の適応制御を試みているが，この場合数本の主要な周波数成分が的確に抽出されればこれを利用してあらかじめ作成してある量子化雑音のスペクトルパターンのマップを参照してシステムパラメータを決定すること

ができるので一般調和解析の実時間での利用の可能性もある。伝送特性の適応制御とともに今後の課題である。

引用・参考文献

1) Shannon, C. E. : A mathematical theory of communication, Bell Syst. Tech J., **27**, 1, pp. 379-421 (1948)
2) Bennet, W. R. : Spectra of quantized signals, B.S.T.J., **21**, 7, pp. 446-472 (1948)
3) Roverts, L. G. : Picture coding using pseudo-random noise, IRE Trans., **IT**-8, 2, pp. 145-154 (1962)
4) Jayant, N. S. and Rabiner, L. R. : The application of dither to the quantization of speech signals, B.S.T.J., **51**, 6, pp. 1293-1304 (1972)
5) Shorter, D. E. L. and Chew, J. R. : Application of pulsecode modulation to sound signal distribution in a broadcast network, Proc. Inst. Elec. Eng., **119**, 10, pp. 1442-1448 (1972)
6) 山﨑芳男：広帯域音響信号の量子化への大振幅ディザの適用，音響会誌，**1**, 9, pp.452-462（1981）
7) 西鳥羽貴，大谷信人，阿蘇谷　靖，山﨑芳男，伊藤　毅：大振幅ディザと高速標本化によるAD変換精度の向上，電音研資，**EA82-72**, pp.29-14（1981）
8) 猪瀬　博，安田靖彦，村上純造：符号化変調による一通信方式・ $\Delta \cdot \Sigma$ 変調，電気通信学会論文誌，**44**, 11（1961）
9) 高野　洸，安田靖彦，猪瀬　博：Δ-Σ 変調方式によるテレビジョン信号の伝送，テレビジョン学会誌，**17**, 10（1963）
10) 山﨑芳男：広帯域音響信号の量子化への大振幅ディザの適用，音響会誌，**1**, 9, pp.452-462（1981）
11) 山﨑芳男，太田弘毅，西川明成，野間政利，飯塚秀幸：広帯域音響信号の高速標本化1bit処理，信学技報，**EA91**, 102（1994）
12) 松谷康之，内村国治，岩田　穆：多段量子化雑音抑圧（MASH）方式16ビットCMOS A/D変換LSI，信学会集積回路研資，ICD 87-52, pp.7-12（1987）
13) 松谷康之，内村国治，岩田　穆：多段量子化雑音抑圧（MASH）方式16ビットCMOS A/D変換LSI，信学会・音響会電気音響研資，EA 87-79, pp.25-12（1988）
14) 松谷康之，山田順三：1 V・0.8 mV 17 bit精度オーディオ用ノイズシェーピングD/A，JASコンファレンス'94, pp.28-31（1994）
15) 沖村文彦，山﨑芳男，伊藤　毅，福原康二，原田正視：量子化雑音のスペクトル制御と平均化を併用したAD, DA変換，音講論集，pp.175-176（1989）

16) 山﨑芳男：量子化雑音のスペクトルに着目した高速1ビット符号化と信号処理，通信学会，SA-9-4（1992）
17) 山﨑芳男，太田弘毅，野間政利，名越英之：高速1bit処理による量子化雑音の適応スペクトル制御，音講論集，pp.521-522（1991）
18) 天田　武，大内康裕，及川靖広，工藤修二，山﨑芳男：聴覚特性を考慮した一般調和解析による高速1bit信号の高能率符号化，日音講論，pp.599-600（1996）
19) 大田弘毅，山﨑芳男：1ビット高速標本化による広帯域音響信号のディジタル伝送—符号誤りの影響に対する検討—，音講論集，pp.541-542　（1992）

2 信号解析の基礎

本章では音・音場の信号解析および信号処理に必要な基礎事項を概説する。信号処理の分野に本書で初めて接する方にも複素数とベクトルに関する基礎的な予備知識があれば理解できることを目標に心がけた。証明あるいは導出過程が欠落している部分もあるが、過程を詳述するよりも結果を紹介することを優先した。本書によって信号処理に興味を覚えた読者はさらに専門書で勉強されたい[1],[2]。

信号処理では信号を時間的にサンプルされた数値列（数列）として考える。信号を足したり引いたりする処理は、数列に関する演算として定義することができる。本章では信号 $x(n)$ と書いたとき、信号の観測時刻を順序づけて表す整数 n によって与えられる x の数列と約束する。これは信号を $s(t)$ と書いて時間 t の連続関数と考えることに対応する。このような順序づけられた信号の数列は時系列と呼ばれることもある。本章では特に断らないかぎり、時系列は実数列であるものとする。

2.1 たたみこみと母関数

信号処理における基本的な演算はたたみこみ演算と呼ばれるものである。二つの信号（数列）$x(n)$ と $y(n)$ のたたみこみ演算によって得られる数列 $z(n)$ を

$$z(n) \equiv x(n) * y(n) \equiv y(n) * x(n) \tag{2.1}$$

と表すことにし、数列 $x(n)$ と $y(n)$ のそれぞれの値を係数とする二つの多項

式の積で定義される多項式の係数の列として定義する．すなわち，数列 $z(n)$ は新たに導入した変数 Z による多項式を用いて

$$\sum_n z(n)Z^n \equiv \left[\sum_p x(p)Z^p\right] \cdot \left[\sum_q y(q)Z^q\right] \equiv \sum_n a(n)Z^n \tag{2.2}$$

$$z(n) \equiv a(n) \equiv x(n) * y(n) \tag{2.3}$$

と定義される．数列 $x(n)$ を係数とする多項式 $\sum_n x(n)Z^n$ を数列 $x(n)$ の母関数という[3]．数列のたたみこみ演算はそれぞれの数列の母関数の積を用いて定義される．

図 2.1 は数列のたたみこみ演算の例である．たたみこみは図に示すように，あたかも数列が進むに従って高位の数に対応する整数のかけ算を計算するような手順で計算することができる．ただし桁の繰り上がりは行わないと約束する．通常の整数表記では数の位が上がるにつれて左側に進むので，計算される

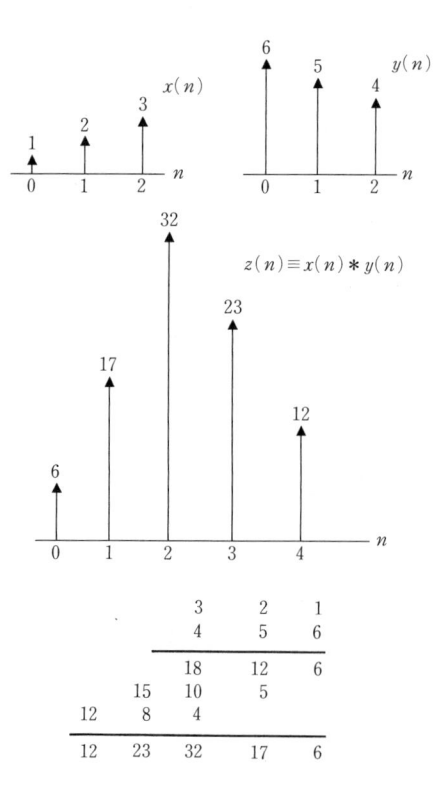

図 2.1 数列のたたみこみの例

数列も数列の順序 n が進むにつれて左側に進むようにこの算法では表される。

たたみこみ演算によって定義される数列 $z(n)$ は母関数を用いることなく
$$z(n) \equiv x(n) * y(n) = \sum_m x(n-m)y(m)$$
$$= \sum_m y(n-m)x(m) = y(n) * x(n) \tag{2.4}$$
と表すこともできる。また，二つの信号（数列）$x(n)$ と $y(n)$ がともに有限個の数列要素（有限数列）からなるとき，それらのたたみこみ演算によって得られる有限数列 $z(n)$ は，行列演算を用いて表現することもできる。

2.2 相関演算と母関数

たたみこみ演算と並んで基本的な信号処理に相関演算がある。二つの信号（数列）$x(n)$ と $y(n)$ の相関演算によって得られる数列 $r(n)$ を
$$r(n) \equiv x(n) \otimes y(n) \tag{2.5}$$
と表すことにし，変数 Z による多項式を用いて
$$\sum_n r(n)Z^n \equiv \left[\sum_p x(p)Z^p\right] \cdot \left[\sum_q y(q)Z^{-q}\right] \equiv \sum_n \beta(n)Z^n \tag{2.6}$$
$$r(n) \equiv \beta(n) \equiv x(n) \otimes y(n) \tag{2.7}$$
と関係づけられる。数列 $y(n)$ から定義される多項式 $\sum_n y(n)Z^{-n}$ はべきの符号を負として定義した数列 $y(n)$ の母関数である。数列 $r(n)$ を二つの数列 $x(n)$ と $y(n)$ の相互相関数列と呼ぶ。

相関演算によって定義される数列 $r(n)$ は母関数を用いることなく
$$r(n) \equiv x(n) \otimes y(n) = \sum_m x(m)y(m-n) \tag{2.8}$$
と表すこともできる。**図 2.2** は数列の相関演算の例である。相関演算は二つの整数の差が n となる場合の数を数え上げる問題と考えることができる。したがって，相互相関数列は数列をたがいに n だけ遅らせたときの二つの数列の線形な類似性を評価する。

同一の数列間の相関数列を特に自己相関数列と呼ぶ。自己相関数列は

44　2. 信号解析の基礎

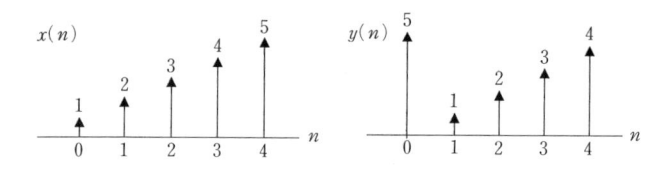

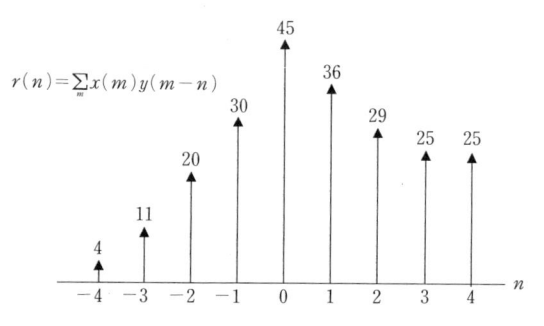

図 2.2 相互相関数列の例

$$R(n) \equiv x(n) \otimes x(n) = \sum_m x(m)x(m-n) \tag{2.9}$$

あるいは母関数を用いて

$$\sum_n R(n)Z^n \equiv \left[\sum_p x(p)Z^p\right] \cdot \left[\sum_q x(q)Z^{-q}\right] = \sum_n \beta(n)Z^n \tag{2.10}$$

$$R(n) \equiv \beta(n) \equiv x(n) \otimes x(n) \tag{2.11}$$

と表される。

図 2.3 は単位パルス（高さ 1 のパルス）列に対する自己相関数列の演算例である。ここで相関演算が二つの整数の差が n となる場合の数を数え上げることであることを思い出せば，単位パルス列の自己相関演算はパルス間隔頻度分

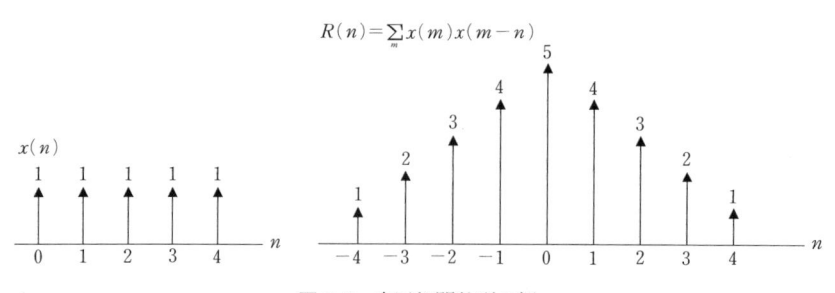

図 2.3 自己相関数列の例

布(ヒストグラム)を求めていることに気づくであろう。パルス間隔頻度分布はパルス列の周期性の強さを表している。数列の自己相関演算は人間が音の高さを知覚する聴覚処理モデルとしても利用される[4]。

2.3 線形システムとインパルス応答

複数の信号の和で表される入力信号に対する出力信号が，それぞれの入力信号に対する出力信号の和で表されるとき，そのシステムを線形システムという。時刻 $n=0$ において単位パルスで表される入力信号が加えられたときのシステムの出力信号を，そのシステムのインパルス応答という。インパルス応答を $h(n)$ とすれば，任意の入力信号 $x(n)$ に対する線形システムの出力信号 $y(n)$ は，入力信号とインパルス応答のたたみこみ演算

$$y(n) = x(n) * h(n) = h(n) * x(n) \tag{2.12}$$

で与えられる。

本章では信号列を順序づける整数 n の正の方向を時間の経過を表すものと約束する。さらにわれわれが対象とするシステムは，入力信号が印加されたと同時あるいはそれ以後に出力信号が現れるものに限定する。このようなシステムは因果システムと呼ばれる。またインパルス応答数列の2乗和(インパルス応答信号のエネルギー)が

$$\sum_{n=0} h^2(n) < \infty \tag{2.13}$$

のように有限であるもの(安定なシステムと呼ぶ)，すなわち安定で因果性を満たすシステムのみを対象とする。

2.4 数列と z 変換

数列の母関数を複素数に拡張して z 変換と呼ぶ母関数を定義する。すなわち数列 $x(n)$ から定義される複素関数

46 　2．信号解析の基礎

$$X(z^{-1}) \equiv \sum_n x(n)z^{-n} \tag{2.14}$$

を数列 $x(n)$ の z 変換という。ここで，z は複素変数で

$$z \equiv e^{sT_s} \quad\quad s \equiv \sigma + j\omega \tag{2.15}$$

と定義する。ただし，T_s は信号の標本化周期である。

線形システムのインパルス応答数列の z 変換

$$H(z^{-1}) \equiv \sum_n h(n)z^{-n} \tag{2.16}$$

をシステムの伝達関数という。われわれが対象とするシステムは安定で因果性を満たすシステムであるので，線形システムのインパルス応答の z 変換は z の負のべき乗項と定数項（z の零乗項）のみで表される。数列の母関数が z の負のべき乗項と定数項のみで表されるときその数列を因果数列と呼び，母関数が z の正のべき乗項を含むとき非因果数列と呼ぶ。

2.5 　数列と逆 z 変換

　数列の母関数を表す複素関数から数列を発生させることを逆 z 変換という。すなわち，逆 z 変換は連続関数で表される母関数のべき級数展開係数を求めることである。信号処理では母関数から数列を発生させるとき，その数列の絶対値の 2 乗和が収束すれば逆 z 変換が存在するという。母関数 $X(z^{-1})$

$$X(z^{-1}) \equiv \sum_n x(n)z^{-n} \tag{2.17}$$

の展開係数 $x(n)$ は，複素平面上の原点の周囲を回る周回積分

$$x(n) = \frac{1}{2\pi j} \oint_c X(z^{-1}) z^{n-1} dz \tag{2.18}$$

により求められる。これを逆 z 変換という。

　母関数が発散して関数を定義できない複素数平面上の点を母関数の極（あるいは特異点）という。逆 z 変換における周回積分路 c は母関数のすべての極を周回積分路の内側に含むように選ぶ。逆 z 変換は原点の周りを周回する積分路で

2.5 数列と逆 z 変換

$$\oint_c z^n dz = \int_0^{2\pi} e^{jn\theta} j e^{j\theta} = 2\pi j \delta(n+1) \tag{2.19}$$

ならびに複素数平面の原点を中心とする半径 R の円周上を積分路 c として連続関数 $f(z)$ が積分路の内側に極を含まないとき，被積分関数の極すなわち a が積分路の内側に含まれれば

$$f(a) = \frac{1}{2\pi j} \oint_c \frac{f(z)}{z-a} dz \tag{2.20}$$

と表されることを思い出せば理解できる。ここで，$\delta(n+1)$ は $n=-1$ のとき 1，それ以外は 0 と約束する。

定義に従えば逆 z 変換は母関数に対する積分

$$x(n) = \frac{1}{2\pi j} \oint_c X(z^{-1}) z^{n-1} dz \tag{2.21}$$

を計算しなくてはならない。しかし信号処理で扱われる多くの母関数は積分計算を行わなくても，等比級数の和の公式から逆 z 変換を求めることができる。**図 2.4** は図中の r の条件によって因果と非因果数列に場合分けする例である。図中の式 A で表される母関数から発生される収束数列は因果数列となる。一方，同じ図表中の式 B から発生される収束数列は非因果数列となる。

A 式［因果］
$$H(z^{-1}) = \frac{1}{1-rz^{-1}} = 1 + rz^{-1} + r^2 z^{-2} + \cdots$$
$$h(n) = \delta(n) + r\delta(n-1) + r^2 \delta(n-2) + \cdots$$
$$|r| < 1$$

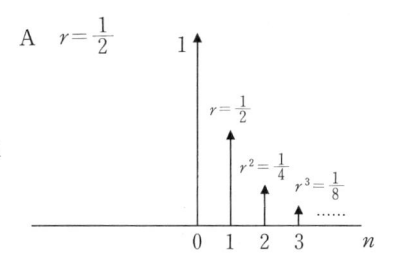

B 式［非因果］
$$H(z^{-1}) = \frac{1}{1-rz^{-1}} = \frac{z}{z-r}$$
$$= \frac{1}{r^{-1}z - 1} r^{-1}z = -r^{-1}z \frac{1}{1-r^{-1}z}$$
$$= -r^{-1}z - r^{-2}z^2 - r^{-3}z^3 - r^{-4}z^4 - \cdots$$
$$h(n) = -r^{-1}\delta(n+1) - r^{-2}\delta(n+2)$$
$$- r^{-3}\delta(n+3) - \cdots$$
$$|r| > 1$$

A $r = \frac{1}{2}$

B $r = 2$

図 2.4 因果および非因果数列の例

2.6 複素振幅（phasor）

再び図 2.4 の逆 z 変換の例を考えよう．因果数列が得られた図表中の式 A で表される母関数の極は複素数平面上の原点を中心として定めた半径 1 の円，これを単位円と呼ぶことにすると，単位円の内側にある．一方，非因果数列を生成する同じ図中の式 B で表される母関数の極は単位円の外側に存在する．図中の等比級数の和が収束して因果数列が発生されるためには，母関数の極が単位円の内側に存在しなければならない．すなわち，因果数列を生成するためには，単位円が母関数のすべての極を内側に含むという条件を満足しなければならない．

単位円を積分路として逆 z 変換を定義できるとき，すなわち，母関数のすべての極が単位円の内側にあるとき，単位円周上で計算される z 変換

$$X(z^{-1})|_{z \equiv e^{j\Omega}} \equiv \sum_n x(n) z^{-n}|_{z \equiv e^{j\Omega}} \equiv X(e^{-j\Omega}) \equiv |X(e^{-j\Omega})| e^{j\phi(e^{-j\Omega})} \quad (2.22)$$

を複素振幅（phasor，フェーザ）という．ただし，式（2.15）において

$$e^{j\omega T_s} \equiv e^{j\Omega} \quad (2.23)$$

とする．

2.7 線形システムの伝達関数と振幅・位相特性

2.4 節で述べたように，線形システムのインパルス応答から z 変換によって与えられる関数を，インパルス応答の母関数という代わりにシステムの伝達関数という．伝達関数の中で単位円周上で定義される伝達関数すなわち複素振幅 $H(e^{-j\Omega}) \equiv |H(e^{-j\Omega})| e^{j\phi(e^{-j\Omega})}$ をシステムの周波数特性と呼ぶ．複素振幅の絶対値 $|H(e^{-j\Omega})|$ を振幅周波数特性，複素振幅の位相角 $\phi(e^{-j\Omega})$ を位相（角）周波数特性という．複素振幅の振幅と位相（角）はそれぞれ，線形システムに振幅 1，初期位相（角）0，角周波数 Ω とする正弦波信号を入力したときの出力

2.7 線形システムの伝達関数と振幅・位相特性

信号の振幅と位相（角）を表す。

入力正弦波信号の角周波数，すなわち，複素変数 z の位相（角）Ω

$$\Omega \equiv \omega T_\mathrm{s} \tag{2.24}$$

を規格化角周波数と呼ぶことにしよう。伝達関数は z，すなわち

$$z \equiv |z|e^{j\omega T_\mathrm{s}} \equiv re^{j\Omega} \tag{2.25}$$

の関数であるため，複素数変数 z の位相（角）すなわち規格化角周波数 Ω について 2π を周期とする周期関数である。規格化角周波数が 2π となる周波数 F_M は

$$\Omega_\mathrm{M} \equiv \omega_\mathrm{M} T_\mathrm{s} \equiv 2\pi F_\mathrm{M} T_\mathrm{s} \equiv 2\pi \tag{2.26}$$

と定めることにより

$$F_\mathrm{M} = \frac{1}{T_\mathrm{s}} \equiv F_\mathrm{s} \tag{2.27}$$

と表される。ここで F_s は標本化周波数〔Hz〕である。

$\ln |H(e^{-j\Omega})|$

$|r_1|=1.195\,2$

$|r_2|=1.054\,1$

$|r_3|\cong 1$

$|r_4|=0.953\,5$

$|r_5|=0.803\,2$

規格化角周波数 $\Omega \longrightarrow$

$H(z^{-1}) \equiv \dfrac{1}{1-rz^{-1}}$

$z \equiv e^{j\Omega}$

$r \equiv |r|e^{j\theta}$

$\theta \equiv \pi/4$

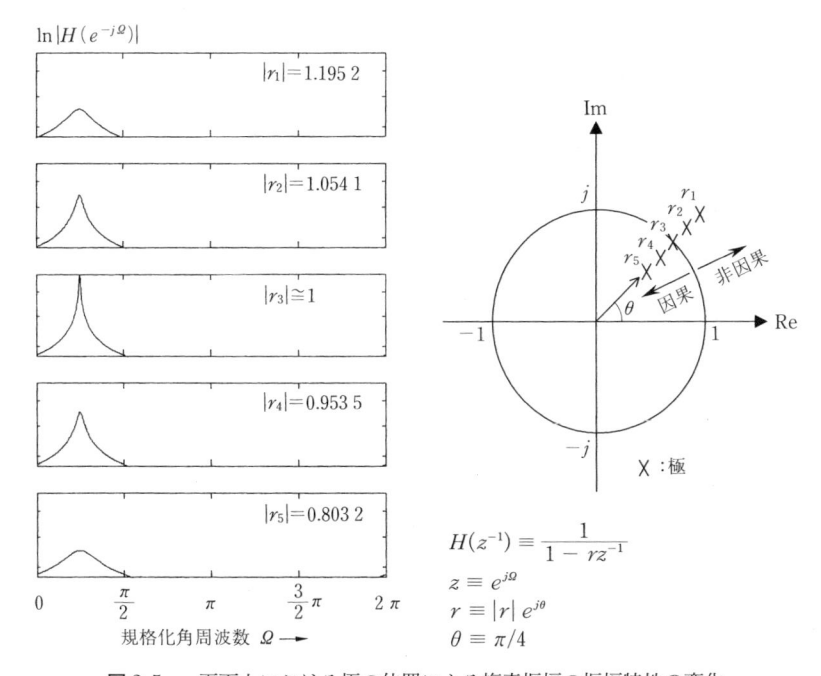

×：極

図 2.5　z 平面上における極の位置による複素振幅の振幅特性の変化

50 2. 信号解析の基礎

実数列から得られる複素振幅の実部と振幅は規格化角周波数 π を中心として偶関数，虚部と位相は奇関数である．すなわち，実数列から得られる複素振幅は規格化角周波数 π を中心としてたがいに複素共役関数である．したがって，実数列から得られる伝達関数の極と零点（$H(z_0^{-1}) = 0$ を満たす z_0）は複素共役の組を作って存在する．

伝達関数の極は単位円の内側に存在し，振幅特性の極大値を与える規格化角周波数（共振角周波数）におおむね対応する．図 2.5 は単一の極（複素共役の一方）の位置による振幅特性の変化を因果および非因果システム両者に対して示した例である．極が単位円に近づくほど振幅特性の極大値は増大し，極が単位円の円周から単位円の内部に入るほど振幅特性の極大値が減少する．因果システムに限っても零点は単位円の内外に存在する．図 2.6 は単位円内外に存在する単一の零点（複素共役の一方）による振幅特性の変化を示した例である．零点が単位円周上から単位円の内外に向かって離れるほど，振幅特性の極小値によって生じる谷が浅くなる様子が読み取れる．

$\ln|H(e^{-j\Omega})|$

$|r_1| = 1.1952$

$|r_2| = 1.1180$

$|r_3| = 1$

$|r_4| = 0.8944$

$|r_5| = 0.8032$

規格化角周波数 $\Omega \longrightarrow$

$H(z^{-1}) \equiv 1 - rz^{-1}$
$z \equiv e^{j\Omega}$
$r \equiv |r|e^{j\theta}$
$\theta \equiv \pi/4$

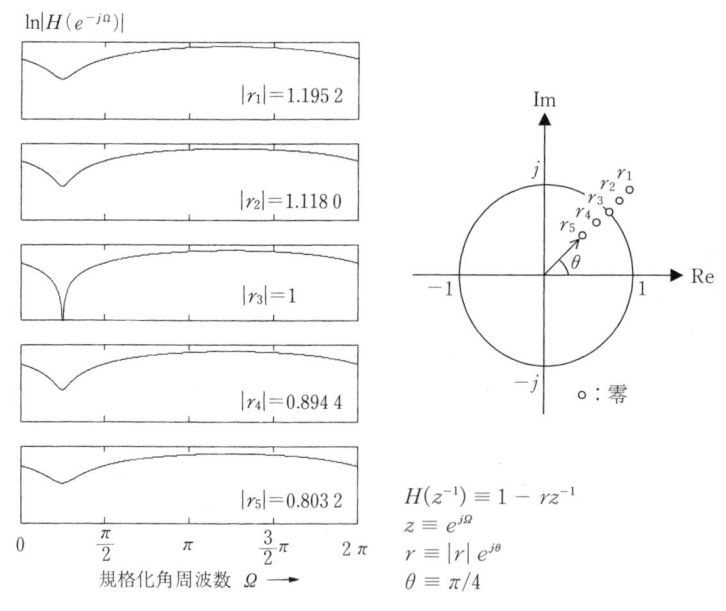

○：零

図 2.6 z 平面上における零点の位置による複素振幅の振幅特性の変化

2.7 線形システムの伝達関数と振幅・位相特性

図 2.7 に示す零点をもつ二つの伝達関数それぞれの複素振幅の振幅特性を考えよう。これらの二つの伝達関数を形成する零点はたがいに逆数複素共役の関係にある。それぞれの複素振幅を

$$H_1(z^{-1})|_{z \equiv e^{j\Omega}} \equiv H_1(e^{-j\Omega}) \equiv (1 - ae^{-j\Omega})(1 - a^*e^{-j\Omega}) \qquad (2.28\text{ a})$$

$$H_2(z^{-1})|_{z \equiv e^{j\Omega}} \equiv H_2(e^{-j\Omega}) \equiv (1 - a^{-1*}e^{-j\Omega})(1 - a^{-1}e^{-j\Omega}) \qquad (2.28\text{ b})$$

と表せば，それぞれの振幅特性は相互に

$$|H_2(e^{-j\Omega})| = |a^{-1}|^2 |H_1(e^{-j\Omega})| \qquad (2.29)$$

なる関係を満足する。すなわち，零点の位置が異なっていても定数倍を除いて二つの複素振幅の振幅特性は等しい。このことから振幅周波数特性を変えずに零点の位置を単位円の内側から外側，あるいは外側から内側へ変化させることができる。

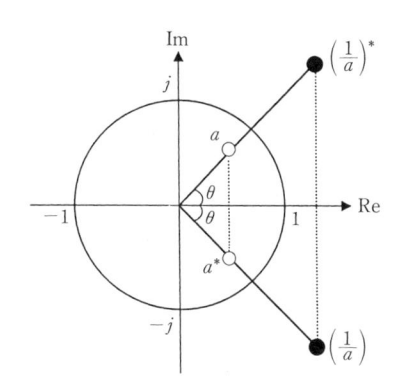

図 2.7 逆数複素共役の位置にある零点の組の例

位相特性も極と零点の数と位置によって変化する。因果システムに対する伝達関数の極は複素振幅を定義する複素周波数平面上の単位円の内側に存在する。したがって，伝達関数

$$H_1(z^{-1}) \equiv \frac{1}{1 - az^{-1}} = \frac{z}{z - a} \qquad (2.30\text{ a})$$

の極 $z = a$ によって生じる複素振幅の位相変化量

$$\arg\left[\frac{1}{e^{j\Omega} - a}\right]_{\Omega = 2\pi} - \arg\left[\frac{1}{e^{j\Omega} - a}\right]_{\Omega = 0} \equiv \phi(\Omega = 2\pi) - \phi(\Omega = 0)$$

$$= -2\pi \qquad (2.30\text{ b})$$

は図2.8に示すような幾何学的なベクトルの偏角の変化によって理解することができる．極による位相変化と同様に単位円内にある伝達関数の零点 $z = b$ によって生じる複素振幅の位相変化量

$$\arg[e^{j\Omega} - b]_{\Omega=2\pi} - \arg[e^{j\Omega} - b]_{\Omega=0} \equiv \phi(\Omega = 2\pi) - \phi(\Omega = 0) = 2\pi \tag{2.31}$$

もベクトルの偏角の変化を示している．単位円内に存在する極と零点による位相変化量は，複素振幅を与える規格化角周波数が単位円を一周すればたがいに相殺する．規格化角周波数が単位円周上を変化するとき，複素振幅の位相変化量を累積位相特性ということもある．

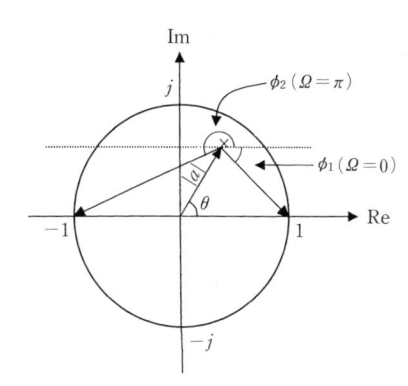

図2.8 極による周波数特性の偏角 ϕ の変化（位相周波数特性の幾何学的理解）

×：$z = a$ の複素平面上の位置を示す．すなわち $a \equiv |a| e^{j\theta}$

伝達関数の零点は，単位円の外側に存在することもある．単位円の外側に存在する零点による複素振幅の位相変化量が零となることは，図2.9に示すベクトルの偏角の変化をみれば理解することができる．図2.10に極と零点による複素振幅の位相変化の例を示す．因果システムにおける伝達関数の極の数を N_p，単位円内部にある零点の数を N_{z1}，単位円外部にある零点の数を N_{z2} としよう．規格化角周波数が単位円周上を一周するときの位相変化量は

$$\Phi(2\pi) \equiv \phi(\Omega = 2\pi) - \phi(\Omega = 0) = -2\pi N_p + 2\pi N_{z1} \tag{2.32}$$

で与えられる．負の位相変化を位相遅れと定義すれば，極の数と零点の数をそれぞれ一定としたとき，すべての零点が単位円の内側にあるとき位相遅れが最少となる．このことから伝達関数がすべての零点を複素周波数平面上の単位円

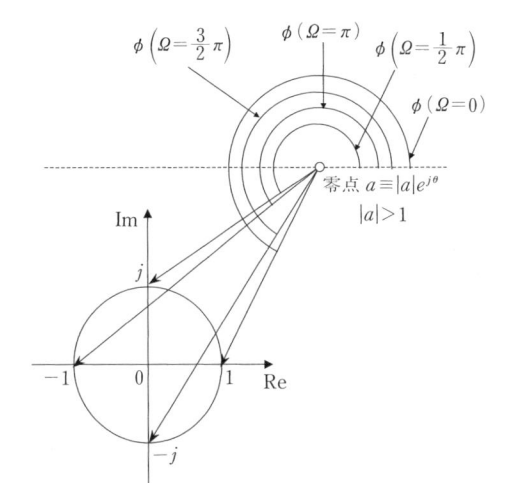

2.7 線形システムの伝達関数と振幅・位相特性　53

図 2.9 単位円外にある零点による周波数特性の偏角 ϕ の変化

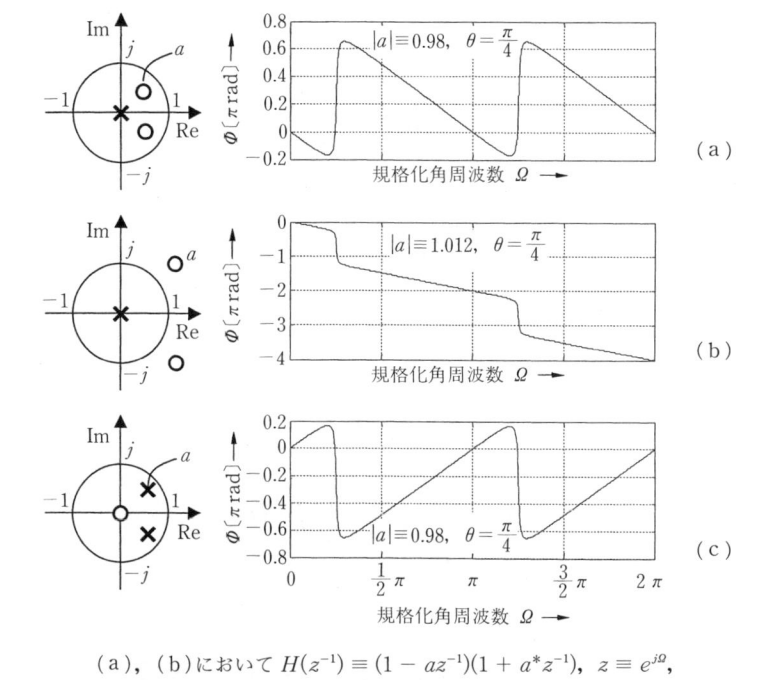

図 2.10 極と零点による複素振幅の位相変化の例

(a), (b) において $H(z^{-1}) \equiv (1 - az^{-1})(1 + a^*z^{-1})$, $z \equiv e^{j\Omega}$,
(c) において $G(z^{-1}) \equiv \dfrac{1}{H(z^{-1})}$, $a \equiv |a|\,e^{j\theta}$

の内側に含むとき，その伝達系を最小位相推移系と呼ぶ．逆数複素共役の関係（**図 2.11**）を利用して単位円の外側にある零点を単位円の内側に移せば，定数倍を除いて振幅周波数特性を変えることなく伝達系の位相特性を最小位相推移にすることができる．

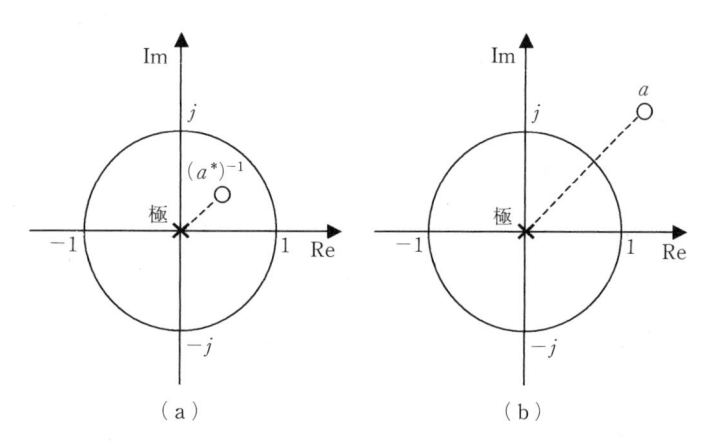

図 2.11 逆数複素共役の関係にある零点の組の例

2.8 フーリエ変換と z 変換

複素振幅を与える単位円周上で定義される z 変換対をフーリエ変換対という．有限数列を例にとるとフーリエ変換対は

$$H(e^{-j\Omega}) \equiv \sum_{n=0}^{N-1} h(n) z^{-n} \Big|_{z \equiv e^{j\Omega}} = \sum_{n=0}^{N-1} h(n) e^{-jn\Omega} \tag{2.33}$$

$$h(n) = \frac{1}{2\pi j} \oint_c H(z^{-1}) z^{n-1} dz \Big|_{z \equiv e^{j\Omega}} = \frac{1}{2\pi} \int_0^{2\pi} H(e^{-j\Omega}) e^{jn\Omega} d\Omega \tag{2.34}$$

と表すことができる．

2.9 実数因果数列のフーリエ変換

実数因果数列の複素振幅の実部と虚部の関係を調べよう．実数因果数列のフ

2.9 実数因果数列のフーリエ変換

ーリエ変換対

$$H(e^{-j\Omega}) \equiv \sum_{n=0}^{N-1} h(n)e^{-jn\Omega} \equiv H_R(e^{-j\Omega}) + jH_I(e^{-j\Omega}) \tag{2.35}$$

$$h(n) = \frac{1}{2\pi}\int_0^{2\pi} H(e^{-j\Omega})e^{jn\Omega}d\Omega \quad (n \geq 0) \tag{2.36}$$

$$h(n) \equiv 0 \quad (n < 0) \tag{2.37}$$

において,複素振幅の実部 $H_R(e^{-j\Omega})$ によるフーリエ逆変換を求めると複素振幅の実部が偶関数であることから

$$h_R(n) \equiv \frac{1}{2\pi}\int_0^{2\pi} H_R(e^{-j\Omega})e^{jn\Omega}d\Omega = \frac{1}{2\pi}\int_0^{2\pi} H_R(e^{-j\Omega})\cos(n\Omega)d\Omega \tag{2.38}$$

のように,n について偶数列が求められる。同様に複素振幅の虚部に虚数単位 j を乗じた $jH_I(e^{-j\Omega})$ によるフーリエ逆変換を求めると複素振幅の虚部が奇関数であることから

$$h_I(n) \equiv \frac{1}{2\pi}\int_0^{2\pi} jH_I(e^{-j\Omega})e^{jn\Omega}d\Omega = \frac{-1}{2\pi}\int_0^{2\pi} H_I(e^{-j\Omega})\sin(n\Omega)d\Omega \tag{2.39}$$

のように,n について奇数列が求められる。原数列 $h(n)$ は偶数列と奇数列の和として

$$h(n) = h_R(n) + h_I(n) \tag{2.40}$$

と表され,原数列が因果数列であるので偶数列と奇数列はたがいに

$$h_R(n) = h_I(n) = \frac{h(n)}{2} \quad (n > 0) \tag{2.41}$$

$$h_R(n) = h(n) \quad (n = 0) \tag{2.42}$$

$$h_R(n) = -h_I(n) = \frac{h(-n)}{2} \quad (n < 0) \tag{2.43}$$

なる関係を満足する。

上記のことから偶数列あるいは奇数列(と $h(0)$)のどちらか一方がわかれば実数因果数列は復元される。すなわち,複素振幅の実部あるいは虚部(と $h(0)$)のどちらか一方がわかれば,実数因果数列は復元される。したがって,実数因果数列の複素振幅の実部(虚部)は虚部(と $h(0)$)(実部)から求めることができる。

2.10 ケプストラムと最小位相推移系

実数因果数列で表される線形システムインパルス応答のフーリエ変換

$$H(e^{-j\Omega}) \equiv \sum_{n=0}^{N-1} h(n)e^{-jn\Omega} \equiv H_R(e^{-j\Omega}) + jH_I(e^{-j\Omega}) \tag{2.44}$$

$$h(n) = \frac{1}{2\pi}\int_0^{2\pi} H(e^{-j\Omega})e^{jn\Omega}d\Omega \tag{2.45}$$

すなわち，複素振幅

$$H(e^{-j\Omega}) \equiv |H(e^{-j\Omega})|e^{j\phi(e^{-j\Omega})} \tag{2.46}$$

の振幅と位相の関係を考えよう。複素振幅の複素関数に拡張した自然対数をとって $G(e^{-j\Omega})$ と表せば

$$G(e^{-j\Omega}) \equiv \ln H(e^{-j\Omega})$$
$$= \ln |H(e^{-j\Omega})|e^{j\phi(e^{-j\Omega})} = \ln |H(e^{-j\Omega})| + j\phi(e^{-j\Omega}) \tag{2.47}$$

のように複素振幅の振幅の対数が $G(e^{-j\Omega})$ の実部，複素振幅の位相角が $G(e^{-j\Omega})$ の虚部となる。したがって，複素振幅の振幅と位相の関係は，複素振幅の対数をとって表した対数複素振幅，$G(e^{-j\Omega})$ の実部と虚部の関係として考えることができる。

複素振幅の逆フーリエ変換によって表される数列が実数因果数列であれば，複素振幅の実部（虚部）は虚部と $h(0)$（実部）から求めることができる。したがって，対数複素振幅の逆フーリエ変換で与えられる数列 $c(n)$ が実数因果数列であれば，複素振幅の振幅（位相）は位相と $c(0)$（振幅）から求めることができる。対数複素振幅の逆フーリエ変換によって得られる数列をケプストラムという。

対数複素振幅 $G(e^{-j\Omega})$ の実部は偶関数，虚部は奇関数であるので，対数複素振幅の逆フーリエ変換

$$c(n) = \frac{1}{2\pi}\int_0^{2\pi} G(e^{-j\Omega})e^{jn\Omega}d\Omega \tag{2.48}$$

で与えられるケプストラム数列は実数列である。伝達関数の極が複素周波数平

面の単位円の内側にあると複素振幅の逆フーリエ変換が因果数列であったように，対数複素振幅の極が単位円の内側にあるとケプストラムは因果数列となる．対数複素振幅の極は伝達関数の極と零点である．因果システムの伝達関数の極はすべて単位円の内側にあるので，すべての零点が単位円の内側にあるとき，すなわち最小位相推移系のケプストラムは実数因果数列である．したがって，最小位相推移系の複素振幅の振幅（位相）は位相と $c(0)$（振幅）から求められる．

2.11　最小位相推移系とAll-Passシステム

インパルス応答の z 変換によって得られる伝達関数の単位円外零点は，定数倍を除いて複素振幅の振幅特性を変えることなく単位円内に移すことができる．したがって定数倍を調整すれば，複素振幅は最小位相推移系の複素振幅，$H_{\min}(e^{-j\Omega})$ を用いて

$$H(e^{-j\Omega}) \equiv H_{\min}(e^{-j\Omega}) \cdot H_{\mathrm{ap}}(e^{-j\Omega}) \tag{2.49}$$

と二つの積で表すことができる．ここで

$$|H_{\min}(e^{-j\Omega})| = |H(e^{-j\Omega})| = |H_{\min}(e^{-j\Omega}) \cdot H_{\mathrm{ap}}(e^{-j\Omega})| \tag{2.50}$$

$$|H_{\mathrm{ap}}(e^{-j\Omega})| = \frac{|H(e^{-j\Omega})|}{|H_{\min}(e^{-j\Omega})|} = 1 \tag{2.51}$$

なる関係を満足する．このことから $H_{\mathrm{ap}}(e^{-j\Omega})$ を全帯域通過成分（All-Pass成分）という．上記の関係を図2.11（b）に示す原点の極と単位円外の1個の零点をもつ伝達関数

$$H(z^{-1}) \equiv 1 - az^{-1} \tag{2.52}$$

の例で確かめよう．図2.11（a）に示すように零点を単位円内に移した伝達関数を

$$H_1(z^{-1}) \equiv z^{-1} - a^* = -a^*(1 - a^{*-1}z^{-1}) \tag{2.53}$$

と表そう．複素振幅の絶対値を比較すれば

$$|H_1(e^{-j\Omega})| = |e^{-j\Omega} - a^*| = |e^{j\Omega} - a| = |1 - ae^{-j\Omega}| = |H(e^{-j\Omega})| \tag{2.54}$$

なる関係が確かめられる。したがって，伝達関数
$$H(z^{-1}) = 1 - az^{-1} \tag{2.55}$$
の複素振幅を
$$H(e^{-j\Omega}) = 1 - ae^{-j\Omega} \equiv H_1(e^{-j\Omega}) \cdot H_2(e^{-j\Omega}) \tag{2.56}$$
と表せば
$$|H_2(e^{-j\Omega})| = \left|\frac{H(e^{-j\Omega})}{H_1(e^{-j\Omega})}\right| = \left|\frac{1 - ae^{-j\Omega}}{e^{-j\Omega} - a^*}\right| = 1 \equiv |H_{\mathrm{ap}}(e^{-j\Omega})| \tag{2.57}$$
なる関係を確かめることができる。

複素振幅の最小位相成分と全帯域通過成分との積への分解は，ケプストラムを用いて行うことができる。再び複素振幅を
$$H(e^{-j\Omega}) \equiv H_{\min}(e^{-j\Omega}) \cdot H_{\mathrm{ap}}(e^{-j\Omega}) \tag{2.58}$$
と表そう。両辺の対数をとり
$$\ln H = \ln[H_{\min} \cdot H_{\mathrm{ap}}] = \ln H_{\min} + \ln H_{\mathrm{ap}} \tag{2.59}$$
の逆フーリエ変換を施せば，ケプストラム数列は
$$c(n) \equiv \frac{1}{2\pi}\int_0^{2\pi} \ln H(e^{-j\Omega}) e^{jn\Omega} d\Omega \equiv c_{\min}(n) + c_{\mathrm{ap}}(n) \tag{2.60}$$
のように最小位相成分ケプストラム $c_{\min}(n)$ と全帯域通過成分ケプストラム $c(n)$ との和で表すことができる。

最小位相成分ケプストラムが因果数列であることを思い出そう。ケプストラム数列の非因果成分は全帯域通過成分ケプストラムによるものである。全帯域通過成分の複素振幅の絶対値は1であるので，全帯域通過成分複素振幅は
$$H_{\mathrm{ap}}(e^{-j\Omega}) \equiv e^{-j\phi(e^{-j\Omega})} \tag{2.61}$$
と表すことができる。両辺の対数をとれば
$$\ln H_{\mathrm{ap}}(e^{-j\Omega}) = \ln e^{j\phi(e^{-j\Omega})} = j\phi(e^{-j\Omega}) \tag{2.62}$$
のように虚数部に全帯域複素振幅の位相特性が得られる。したがって，位相特性が規格化角周波数に対して奇関数であることから，奇関数のフーリエ変換で与えられる全帯域通過成分ケプストラムが非因果奇数列となる。

複素振幅のケプストラムを図2.12（a）のように非因果数列として表そう。

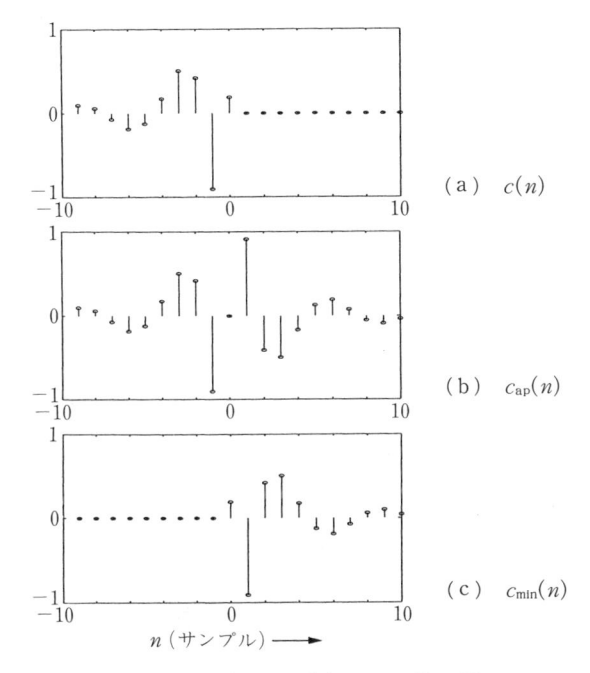

2.11 最小位相推移系とAll-Passシステム

図 2.12 $H(z^{-1}) \equiv (1 - az^{-1})(1 - a^*z^{-1})$ に対するケプストラム数列($-10 \leq n \leq 10$ の範囲のみ表示,ただし $a \equiv 1.1e^{j\frac{1}{3}\pi}$)

ケプストラムの非因果部すなわち全帯域通過成分ケプストラムの非因果部を奇数列として数列の正側つまり因果部へ折り返すと,図(b)に示すとおり

$$c_{\rm ap}(n) = c(n) \quad (n < 0) \tag{2.63}$$

$$c_{\rm ap}(n) = -c_{\rm ap}(-n) \quad (n > 0) \tag{2.64}$$

$$c_{\rm ap}(0) = 0 \tag{2.65}$$

のように全帯域通過成分ケプストラムを抽出できる.この全帯域通過成分ケプストラムを複素振幅ケプストラムから引き去れば,図(c)に示すとおり

$$c_{\rm min}(n) = c(n) - c_{\rm ap}(n) \tag{2.66}$$

のように最小位相成分ケプストラムを抽出できる.これらのケプストラム成分から複素振幅(**図 2.13, 2.14**)そしてインパルス応答(**図 2.15**)へ逆演算を施すことによって最小位相成分インパルス応答の抽出を行うことができる.

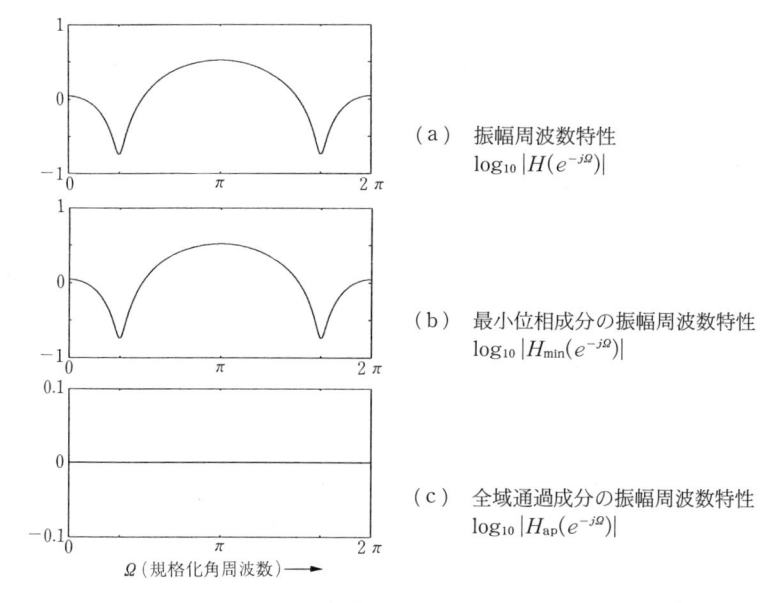

図 2.13 図 2.12 の $H(z^{-1})$ に対する振幅周波数特性の分離

(a) 振幅周波数特性 $\log_{10}|H(e^{-j\Omega})|$

(b) 最小位相成分の振幅周波数特性 $\log_{10}|H_{\min}(e^{-j\Omega})|$

(c) 全域通過成分の振幅周波数特性 $\log_{10}|H_{\mathrm{ap}}(e^{-j\Omega})|$

Ω(規格化角周波数)

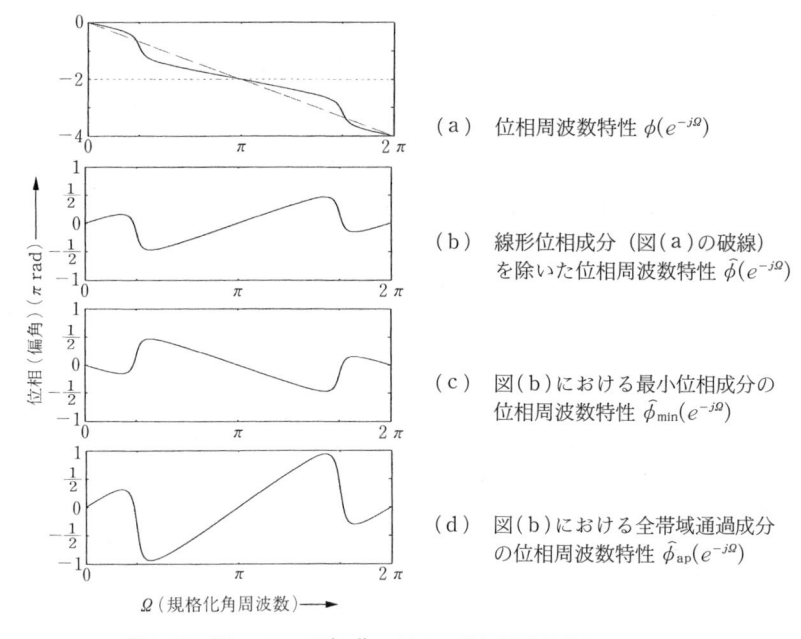

図 2.14 図 2.12 の $H(z^{-1})$ に対する位相周波数特性 ϕ の分離

(a) 位相周波数特性 $\phi(e^{-j\Omega})$

(b) 線形位相成分（図(a)の破線）を除いた位相周波数特性 $\widehat{\phi}(e^{-j\Omega})$

(c) 図(b)における最小位相成分の位相周波数特性 $\widehat{\phi}_{\min}(e^{-j\Omega})$

(d) 図(b)における全帯域通過成分の位相周波数特性 $\widehat{\phi}_{\mathrm{ap}}(e^{-j\Omega})$

位相（偏角）(π rad)

Ω(規格化角周波数)

(a) インパルス応答 $h(n)$

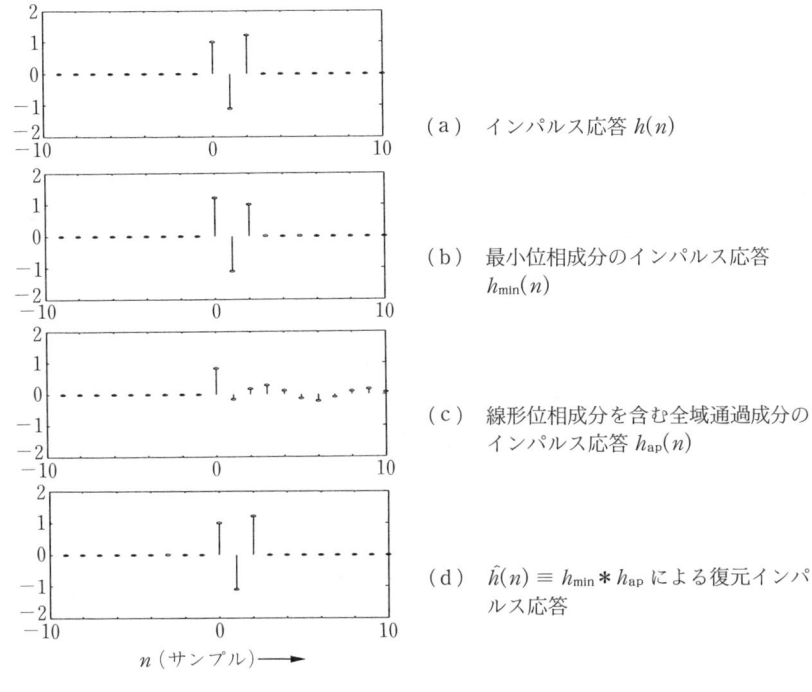

(b) 最小位相成分のインパルス応答 $h_{\min}(n)$

(c) 線形位相成分を含む全域通過成分のインパルス応答 $h_{\mathrm{ap}}(n)$

(d) $\hat{h}(n) \equiv h_{\min} * h_{\mathrm{ap}}$ による復元インパルス応答

n（サンプル）

図 2.15 図 2.12 の $H(z^{-1})$ に対するインパルス応答の分解

2.12 DFT と z 変換

信号は複素振幅すなわち複素平面単位円周上の z 変換によって表現することができる．しかし，時系列が N 点の数列からなるとき，複素振幅の逆 z 変換すなわち逆フーリエ変換を離散化することができる．離散化したフーリエ変換の組を**離散的フーリエ変換対**（discrete Fourier transform pair あるいは単に DFT）という．

N 点の数列からなる時系列 $x(n)$ は DFT によって N 点の離散化された規格化角周波数点における複素振幅を用いて

$$x(n) \equiv \sum_{k=0}^{N-1} X(k) e^{j\frac{2\pi}{N}kn} \tag{2.67}$$

と表される。ただし

$$X(k) = \frac{1}{N}\sum_{n=0}^{N-1} x(n) e^{-j\frac{2\pi}{N}kn} \tag{2.68}$$

である。この関係は

$$x(n) = \sum_{k=0}^{N-1}\left[\frac{1}{N}\sum_{m=0}^{N-1} x(m) e^{-j\frac{2\pi}{N}km}\right] e^{j\frac{2\pi}{N}kn} = \sum_{m=0}^{N-1}\left[\frac{1}{N}\sum_{k=0}^{N-1} x(m) e^{j\frac{2\pi}{N}k(n-m)}\right]$$

$$= \sum_{m=0}^{N-1} x(m) \left[\frac{1}{N}\sum_{k=0}^{N-1} e^{j\frac{2\pi}{N}k(n-m)}\right] = \sum_{m=0}^{N-1} x(m) \delta(n-m) = x(n)$$

$$(ただし, 0 \leq n \leq N-1) \tag{2.69}$$

のように確かめられる。インパルス応答数列のフーリエ変換を周波数特性あるいは複素振幅と呼んだのに対して，$X(k)$ を信号の周波数成分あるいは周波数スペクトルさらには単にスペクトルともいう。

DFT は

$$x(n) = \sum_{k=0}^{N-1} X(k) e^{j\frac{2\pi}{N}kn} = \sum_{k=0}^{N-1} X(z_k) z_k^n \Big|_{z_k = e^{j\frac{2\pi}{N}k}} \tag{2.70}$$

ならびに

$$X(k) = \frac{1}{N}\sum_{n=0}^{N-1} x(n) e^{-j\frac{2\pi}{N}kn} = \frac{1}{N}\sum_{n=0}^{N-1} x(n) z_k^{-n} \Big|_{z_k = e^{j\frac{2\pi}{N}k}} \tag{2.71}$$

のように，複素周波数平面の単位円周上を N 等分して z 変換を N 個の点で求めれば，規格化周波数の連続関数として複素振幅を求めることなく時系列を表現できることを示している。

2.13 信号分析と信号の表現

離散的フーリエ変換は周波数分析による信号表現の理論である。離散的フーリエ変換は調和分析とも呼ばれる。これは信号を観測した時系列の長さを周期とする基本周波数とその整数倍の高調波成分に信号を分解して表現することに起因する。しかし，信号表現は調和分析に限らず非調和成分を含む表現に拡張することができる。それは1本のベクトルをたがいに直交するとは限らない複数のベクトルの和に分解して表現することと等価である。

2.13 信号分析と信号の表現

N 点の時系列信号をとりあげよう。これは N 次元空間に存在する 1 本のベクトルとして抽象化することができる。この N 次元空間に存在する N 本の線形独立なベクトルを列とする行列を

$$A \equiv [\boldsymbol{v}_1 \cdots \boldsymbol{v}_N] \tag{2.72}$$

と定めよう。この行列を信号合成行列と呼ぶことにする。信号分析は

$$\boldsymbol{s} \equiv A\boldsymbol{x} = [\boldsymbol{v}_1 \cdots \boldsymbol{v}_N]\boldsymbol{x} = x_1 \boldsymbol{v}_1 + \cdots + x_N \boldsymbol{v}_N \tag{2.73}$$

のように,信号ベクトル $\boldsymbol{s}$ を信号合成行列 A を形成する列ベクトルの線形結合で表すとき,それぞれの列ベクトルの成分を表す係数からなるベクトル $\boldsymbol{x}$ を未知数とする線形方程式を解くことと考えることができる[5]。信号合成行列 A の列ベクトルは,フーリエ分析ではたがいに正規直交するベクトルである。したがって,フーリエ分析ではベクトル $\boldsymbol{x}$ は信号合成行列 A の共役転置行列によって

$$\boldsymbol{x} = A^{T*}\boldsymbol{s} \tag{2.74}$$

と表すことができる。

DFTによる信号表現

DFT による信号分析表現はたたみこみとして表すことができる。再び DFT による信号表現

$$x(n) = \sum_{k=0}^{N-1} X(k) e^{j\frac{2\pi kn}{N}} \tag{2.75}$$

を考えよう。フーリエ係数 $X(k)$

$$x(k) = \frac{1}{N}\sum_{n=0}^{N-1} x(n) e^{-j\frac{2\pi kn}{N}} \tag{2.76}$$

を DFT による信号表現に代入すれば

$$x(n) = \sum_{k=0}^{N-1}\left[\frac{1}{N}\sum_{m=0}^{N-1} x(m) e^{-j\frac{2\pi km}{N}}\right] e^{j\frac{2\pi kn}{N}} = \frac{1}{N}\sum_{k=0}^{N-1}\left[\sum_{m=0}^{N-1} x(m) e^{j\frac{2\pi k(n-m)}{N}}\right] \tag{2.77}$$

のように，周波数がそれぞれ定められた複素正弦波で表されるインパルス応答と入力信号のたたみこみ合成によって信号が表される。

$N=4$ としてたたみこみ表現

$$x(n) = \frac{1}{4}\sum_{k=0}^{4-1}\left[\sum_{m=0}^{4-1}x(m)e^{j\frac{2\pi k}{4}(n-m)}\right] \equiv x_n \tag{2.78}$$

における信号合成行列を確かめてみよう。4点のデータからなる信号ベクトルは

$$\boldsymbol{x} \equiv W^{-1}W\boldsymbol{x} = \frac{1}{4}\begin{bmatrix} 1 & 1 & 1 & 1 \\ 1 & j & -1 & -j \\ 1 & -1 & 1 & -1 \\ 1 & -j & -1 & j \end{bmatrix}\begin{bmatrix} 1 & 1 & 1 & 1 \\ 1 & -j & -1 & j \\ 1 & -1 & 1 & -1 \\ 1 & j & -1 & -j \end{bmatrix}\begin{bmatrix} x_0 \\ x_1 \\ x_2 \\ x_3 \end{bmatrix} \tag{2.79}$$

のように表される。信号合成行列を

$$W^{-1} \equiv \begin{bmatrix} 1 & 1 & 1 & 1 \\ 1 & j & -1 & -j \\ 1 & -1 & 1 & -1 \\ 1 & -j & -1 & j \end{bmatrix} \equiv [\boldsymbol{v}_0 \ \boldsymbol{v}_1 \ \boldsymbol{v}_2 \ \boldsymbol{v}_3] \tag{2.80}$$

と定義すると，信号の第零正弦波成分（直流分）を表す信号ベクトル $\boldsymbol{y}_0$ は

$$\boldsymbol{y}_0 = \frac{1}{4}\boldsymbol{v}_0(\boldsymbol{v}_0^T\boldsymbol{x}) = \frac{1}{4}\begin{bmatrix} 1 \\ 1 \\ 1 \\ 1 \end{bmatrix}[1 \ 1 \ 1 \ 1]\begin{bmatrix} x_0 \\ x_1 \\ x_2 \\ x_3 \end{bmatrix}$$

$$= \frac{1}{4}\begin{bmatrix} 1 & 1 & 1 & 1 \\ 1 & 1 & 1 & 1 \\ 1 & 1 & 1 & 1 \\ 1 & 1 & 1 & 1 \end{bmatrix}\begin{bmatrix} x_0 \\ x_1 \\ x_2 \\ x_3 \end{bmatrix} \equiv H_0\boldsymbol{x}$$

$$= \frac{1}{4} \begin{bmatrix} x_0 + x_1 + x_2 + x_3 \\ x_0 + x_1 + x_2 + x_3 \\ x_0 + x_1 + x_2 + x_3 \\ x_0 + x_1 + x_2 + x_3 \end{bmatrix} = \begin{bmatrix} y_{00} \\ y_{01} \\ y_{02} \\ y_{03} \end{bmatrix} \qquad (2.81)$$

のように1が連続する周期的インパルス応答と入力信号とのたたみこみによって表されることがわかる。同様に第1複素正弦波成分を表すベクトル $\boldsymbol{y}_1$ は

$$\boldsymbol{y}_1 = \frac{1}{4}\boldsymbol{v}_1(\boldsymbol{v}_1^{T*}\boldsymbol{x}) = \frac{1}{4} \begin{bmatrix} 1 & -j & -1 & j \\ j & 1 & -j & -1 \\ -1 & j & 1 & -j \\ -j & -1 & j & 1 \end{bmatrix} \begin{bmatrix} x_0 \\ x_1 \\ x_2 \\ x_3 \end{bmatrix} \equiv H_1 \boldsymbol{x} \qquad (2.82)$$

なる周期的インパルス応答と入力信号とのたたみこみとなる。第2,第3複素正弦波成分も同様に

$$\boldsymbol{y}_2 = \frac{1}{4}\boldsymbol{v}_2(\boldsymbol{v}_2^{T*}\boldsymbol{x}) = \frac{1}{4} \begin{bmatrix} 1 & -1 & 1 & -1 \\ -1 & 1 & -1 & 1 \\ 1 & -1 & 1 & -1 \\ -1 & 1 & -1 & 1 \end{bmatrix} \begin{bmatrix} x_0 \\ x_1 \\ x_2 \\ x_3 \end{bmatrix} \equiv H_2 \boldsymbol{x} \qquad (2.83)$$

$$\boldsymbol{y}_3 = \frac{1}{4}\boldsymbol{v}_3(\boldsymbol{v}_3^{T*}\boldsymbol{x}) = \frac{1}{4} \begin{bmatrix} 1 & j & -1 & -j \\ -j & 1 & j & -1 \\ -1 & -j & 1 & j \\ j & -1 & -j & 1 \end{bmatrix} \begin{bmatrix} x_0 \\ x_1 \\ x_2 \\ x_3 \end{bmatrix} \equiv H_3 \boldsymbol{x} \qquad (2.84)$$

と周期的インパルス応答と入力信号とのたたみこみとなる。

4個のたたみこみ出力信号を列ベクトルに並べたものを信号のフィルタバンク表現[5]と定義すると

$$\boldsymbol{y} \equiv \begin{bmatrix} \boldsymbol{y}_0 \\ \boldsymbol{y}_1 \\ \boldsymbol{y}_2 \\ \boldsymbol{y}_3 \end{bmatrix} = \begin{bmatrix} H_0 \\ H_1 \\ H_2 \\ H_3 \end{bmatrix} \boldsymbol{x} \qquad (2.85)$$

と表すことができる。フィルタバンク表現による信号列の点数が原信号列の点数に等しくなるように各帯域の出力信号を間引いて表すことを down sampling と呼ぶ。4個の周波数帯域におけるたたみこみ行列 H_0, H_1, H_2, H_3 のそれぞれから第1行目だけを選びだして式（2.85）のフィルタバンク表現を再構成すると

$$\widehat{\boldsymbol{y}} \equiv \begin{bmatrix} \widehat{\boldsymbol{y}}_0 \\ \widehat{\boldsymbol{y}}_1 \\ \widehat{\boldsymbol{y}}_2 \\ \widehat{\boldsymbol{y}}_3 \end{bmatrix} = \frac{1}{4} \begin{bmatrix} 1 & 1 & 1 & 1 \\ 1 & -j & -1 & j \\ 1 & -1 & 1 & -1 \\ 1 & j & -1 & -j \end{bmatrix} \boldsymbol{x} = W\boldsymbol{x} \tag{2.86}$$

が導出される。すなわち，出力信号列を4点に1点ずつサンプルした数値列は原信号のフーリエ係数列に等しい。よって原信号は式（2.79）のように復元することができる。

引用・参考文献

1) 東山三樹夫・白井克彦：信号解析とディジタル処理，培風館（1999）
2) Tohyama, M. and Koide, T.：Fundamentals of Acoustic Signal Processing, Academic Press, London (1998)
3) Randolph, N.：Probability, Stochastic Processes, and Queing Theory, Springer-Verlag, New York (1995)
4) Meddis, R. and Hewitt, M. J.：J. Acoust. Soc. Am., **89**, pp. 2866-2882 (1991)
5) Strang, G. and Naguyen, T.：Wavelets and Filter Banks, Wellesley Cambridge Press (1997)

3 聴覚の特性と高能率符号化

　信号の平均情報量が伝送路の伝送容量よりも小さければ，信号を正確に伝送する符号化方法が必ず存在する．これは情報理論の先駆者であるシャノンが導き出した美しい定理である．

　この定理は伝送路を有効に使い信号を能率よく伝送するには，信号の情報量と伝送路の容量を知ることおよび最適の符号化方法をみつけ出すことが重要であることを示している．

　広帯域音響信号を対象とした**高能率符号化**（high efficiency coding）の研究は早くから行われていたが，実用に供されているのは比較的圧縮率の低い**非一様量子化**（non uniform quantization）やADPCMが一部に導入されている程度であった．最近人間の聴覚の特徴を巧みに利用して1チャネル当り64～128 kbps程度で符号化するさまざまな高能率符号化のアルゴリズムが提案されている．

　本章では高能率符号化のあゆみ，音響信号の性質，および最近の聴覚特性を顧慮した高能率符号化について述べる．

3.1　高能率符号化のあゆみ[1]~[4]

　高能率符号化は，文字どおりなんらかの手段により信号をできるだけ能率よく伝送するための符号化技術である．高能率符号化には信号の情報量に着目してその**冗長度**（redundancy）を除去することにより無ひずみで伝送容量の節約を図る方法と，人間の感覚を利用してひずみをできるだけ感知されにくく工

3. 聴覚の特性と高能率符号化

表3.1 各種の高能率符号化方式

方式	標本化周波数 〔kHz〕	量子化ビット数	信号帯域	伝送レート〔kbit/s〕1 Ch 当り	特徴
32 k ADPCM (CCITT G 721)	8	4	300 Hz ～3.4 kHz	32	適応予測 2次 IIR+6次 FIR 適応量子化 DLQ (dynamic locking quantizer)
64 k Sub-Band ADPCM (CCITT G 722)	16	4	50 Hz ～7 kHz	64	Sub-Band 符号化 低域(50 Hz～4 kHz) 6/5/4 bit 量子化 高域 (4～7 kHz) 2 bit 量子化
384 k オーディオ符号化 (CMTT)	32	11/10	50 Hz～	384	14/11 bit A 則瞬時圧伸 14/10 bit 準瞬時圧伸 (32 サンプルごと)
衛星 TV 規格	32	14/10	50 Hz～ 15 kHz	512	14/10 bit 準瞬時圧伸 14 bit 直線
NHK 衛星放送 A モード	32	14/10	50 Hz～ 15 kHz	768	14/10 準瞬時圧伸
FM 東京 FM 多重放送	8	4	300 Hz～ 3.4 kHz	32	CCITT 32 k ADPCM 準拠
CD-I	37.8	8	17 kHz	309	ADPCM
CD-I	37.8	4	17 kHz	159	ADPCM
CD-I	18.9	4	8.5 kHz	80	ADPCM
8 mmVTR 音声	31.5	8	50 Hz～ 15 kHz	354	アナログ対数圧伸 (2:1) とディジタル 10⇔8 bit 9 折線圧伸の併用
放送中継 (NTT)	32	11	50 Hz～ 15 kHz	768	13 bit ⇔11 bit 7 折線準瞬時圧伸
DCC (ディジタルコンパクトカセット)	32 44.1 48		5 Hz～ 20 kHz (44.1 kHz)	384	PASC (precision adaptive sub-band coding)
MD (ミニディスク)	44.1		5 Hz～ 20 kHz (44.1 kHz)	300	ATRAC (adaptive transform acoustic coding)

夫した**圧縮**（compression）とに大別される。一般にディジタル化した信号をどこまで圧縮できるかといった側面のみからとらえられがちであるが，高能率符号化はむしろ伝送路は節約したうえで質の向上を図ろうという前向きの技術としてとらえるべきものである。

表 3.1 に実用に供されている各種の高能率符号化方式の比較を示す。

聴覚特性を利用した高能率符号化には**ユーレカ**（Eureka：欧州先端技術開発）計画の一プロジェクトとしてイギリス，ドイツ，フランス，オランダが参加した 1986 年のディジタル音声地上放送システム開発プロジェクト（Eureka 147 DAB プロジェクト），ISO，IEV，当時の CCIR（International Radio Consultative Commit，現在の ITU-RS）や ANSI の標準化作業，さらに最近の家庭用録音器として相ついで登場した DCC（digital compact casset）や MD（mini disk）に導入された符号化方式などがある。

ユーレカ 147 プロジェクトの開発した MUSICUM（masking-pattern universal sub-band integrated coding and multiplexing）は 1988 年の世界無線通信主官庁会議 WARC-ORB 88 において COFDM（coded orthogonal frequency division multiplex）と組み合わせて移動体受信の野外実験が実施された。

音響信号を高能率符号化する「MPEG（moving picture experts group）オーディオ」の標準化作業は，現在 ISO（国際標準化機構）と IEC（国際電気通信連合）の合同技術委員会中の専門委員会の一つである（ISO/IEC/JTC/SC 29/WG 11）で，映像信号を対象とする作業と同時に進んでいる。活動状況は MPEG ホームページ（http://www.cselt.stet.it/mpeg/）などでも知ることができる。日本では SC 29 国内委員会が組織され，ビデオ小委員会と並ぶオーディオ小委員会が作業を進めている（**図 3.1**）。

前述したように高能率符号化は信号の情報量に着目してその冗長度を除去することにより，無ひずみで伝送容量の節約を図る方法と，人間の感覚を利用してひずみをできるだけ感知されにくく工夫した圧縮とに大別される。MPEGオーディオは，マスキングや臨界帯域により，耳で探知することができない音

3. 聴覚の特性と高能率符号化

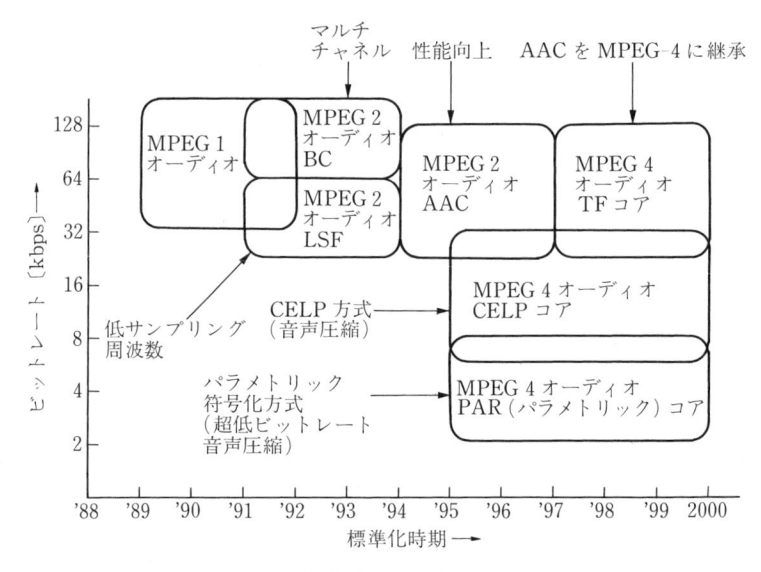

図 3.1 MPEG の動向

の伝送の対象から除外することにより伝送量を節約する高能率符号化である。

MPEG は，CD-I や DAT を対象に動画と音響信号のディジタル高能率符号化を目的とし，1988 年 4 月に作業が開始された 1.5 Mbps 程度の MPEG 1 と，放送や通信への応用も考慮して 1990 年 7 月から始まった 10 Mbps 程度の MPEG 2 が規格化されている。さらに高い圧縮を目指して MPEG 4，ネットワークにおける検索機能を強化することを目的とした MPEG 7 の検討も始まっている。MPEG のほか，聴覚特性を利用した高能率符号化には MD の ATRAC（adaptive transform acoustic coding）方式などがある。

MPEG 1 は 1.5 Mbps で現行家庭用 VTR 程度の画質を，音声は 1 チャネル当り 128 kbps で CD なみの音質が得られる符号化を目標として 1990 年 7 月ストックホルムでコンペティションが行われた。1990 年 4 月多くの提案を統合整理して MUSICAM，ASPEC（adaptive spectral perceptual entropy coding），ATAC（adaptive transform audio coding），SB-ADPCM の 4 方式を提案方式としたうえ，1990 年 7 月この 4 方式の評価試験が行われ MUSICAM と ASPEC を組み合わせた方式を標準方式とすることが決められた。

CCIR（現ITU-RS）では音声放送を扱うSG 10と番組の長距離伝送を扱うCMTTの合同作業班であるJIWP 10-CMTT/1において放送，伝送，スタジオの分野における要求基準を策定したうえ勧告化する方向で1990年6月から作業が進められ，NHKの開発した低域ADPCM，高域準瞬時圧伸方式など，日本からも多くの提案がされている．MPEG 1オーディオは1992年に国際標準ISO/IEC 11172-3として制定された．現在ビデオCD，カラオケ，ディジタルオーディオ放送，ディジタルテレビ放送など幅広く用いられている．

MPEG 1の成功と普及およびHDTVやディジタルTV放送に対応するより高いオーディオ品質とマルチャネル化などに対応すべく，MPEG 2標準化作業が開始された．

MPEG 2にはLSF（low sampling frequency），BC（backward compatibility），AAC（advanced audio coding）と呼ばれる三つの方式が含まれる．MPEG 1オーディオと後方互換性のあるマルチチャネル・マルチリンガル方式と，低ビットレート性能を向上した低サンプリングレート方式が標準化された．前者はBC，後者はLSFと呼ばれる．

両方式は1994年国際標準ISO/IEC 13818-3となり，DVD（PAL版）などにも採用が予定されている．その後，おもに放送用にさらに圧縮率の向上が要求された．この要求に応え，最新技術による高性能なオーディオ符号化が1997年国際標準ISO/IEC 13818-7として完成した．この方式がAACである．

現在，MPEGではMPEG 4オーディオの標準化が進められている．MPEG 4はMPEG 2より高い圧縮性能を目指している．また，インターネットや携帯電子機器への利用を目指し，これらに適した機能拡張を行っている．またDVD-ROM，DVD-RAMへの適用も現在検討されている．音声，音楽など異なる符号化対象に合わせて複数の圧縮技術が含まれ，パラメトリック（PAR）コア，セルプ（CELP）コア，時間周波数変換（TF）コアの3種類があり，ビットレートや用途により使い分けることができる．MPEG 4オーディオは，2000年ISO/IEC 14496-3として標準化された．今後必要性が高まる

表3.2 MPEGオーディオの比較

	MPEG 1 オーディオ				MPEG 2 オーディオ										MPEG 4 オーディオ
					LSF (低サンプリング周波数)				BC (マルチチャネル方式)				AAC (advanced audio coding)		
規格番号 (完成年)	ISO/IEC 11172-3 (1992)				ISO/IEC 13818-3 (1994)				ISO/IEC 13818-7 (1997)						ISO/IEC 14496-3 (2000)
従来方式に対し拡張された部分					低サンプリング周波数（低ビットレート性能向上）				マルチチャネル マルチリンガル ＋LFE				高性能化		パラメトリック符号化 音声符号化 シンセサイザ 音声合成
サンプリング周波数 [kHz]	32.11.1.48				13.22.05.24				32.44.1.48				8〜96		8〜96
モードに相当する分類 (レイヤ、コアなど)	レイヤ				レイヤ				レイヤ				プロファイル		コア[1)]
符号化技術[2)]	I	II	III		I	II	III		I	II	III		MAIN	LC	SSR	PAR	CELP	TF
	SB	SB	HB		SB	SB	HB		SB	SB	HB		MDCT	MDCT	MDCT	PAR	CELP	HB [3)]
ビットレート /Ch	最小[4),5)]	16	16	16		16	4	4		16	16	16						
	標準[4),5)]	192	112	96		64	56	56		96	77	77		64			2	8	64
	最大[4)]	224	192	160		128	80	80		226	212	200		任意			任意	任意	任意
チャネル構成	1/0, 2/0				1/0, 2/0				1/0, 2/0, 3/0, 2/1, 2/2 3/1, 3/2				任意			1/0 ?[6)]	1/0 ?[6)]	
その他の付加機能					MPEG 1とほぼ同じ				マルチリンガル＋LFE				オーディオ圧縮率最高			マルチリンガル＋LFE		
特徴									MPEG 1でデコード可能							AAC を含む		

(注)
1) TF：時間周波数変換符号化，CELP：CELP符号化，PAR：パラメトリック符号化
2) SB：サブバンドフィルタ，HB：ハイブリッドフィルタ＝SB＋MDCT，MDCT：変形離散コサイン変換
3) TF コアの符号化技術と付加機能は AAC と同じ
4) ステレオ（5Chをサポートしている場合5Ch）時の1Ch当りの最小/最大/標準ビットレート
5) 実用化されているビットレート，あるいはMPEG内のテストで用いられたビットレート
6) 未定（実際上はモノラルであろう）

と予想される検索機能の強化を目的とした MPEG 7 の検討も始まっている。

MPEG オーディオ小委員会（委員長山﨑芳男，幹事金子 格）でまとめた MPEG オーディオの動向を図 3.1 に，MPEG オーディオの比較を**表 3.2** に示す[5),6)]。

3.2 情報量と高能率符号化

音響信号の平均情報量は信号や収音方法にも依存するので正確に把握するのは難しいが，その情報量は 1 チャネル当り 100～400 kbps 程度であることが知られている。これは少なくとも 100～400 kbps の伝送容量で無ひずみ伝送が期待できることを示している。

ところで信号の平均情報量と伝送容量が等しい状態，すなわち無ひずみ伝送の限界を**レートひずみ限界**（rate distortion boundary）と呼ぶ。この限界を超えてある程度ひずみを許容すると大幅な伝送路の節約が可能である。

3.2.1 音響信号の情報量

人間が通常聴取する音響信号の周波数帯域は 15～20 kHz，ダイナミックレンジは 80～120 dB に及ぶ。この信号をそのままディジタル化するには 30～50 kHz の標本化周波数と 14～20 bit の量子化ステップが必要となる。すなわち，1 チャネル当り 450 kbps～1 Mbps の伝送容量を必要とすることになる。

表 3.3 に標本化周波数 44.1 kHz，16 bit 一様量子化でディジタル化したオーケストラ演奏の一部を示す。各標本の量子化値が 16 bit 一様量子化で表現される 2^{16} すなわち 65 536 の異なる値に等確率で無秩序に発生すれば，この信号を伝送するには必然的に 44.1×16＝705.6 kbps の伝送容量を必要とする。しかるに明らかに"0""1"の生起にはある種の規則性がみられる。

このようにディジタル化された広帯域音響信号の各ビットの使用状況やレベル分布にはかなり偏りがある。さらに楽音のスペクトル構造は高域で大幅に低下している。これらの偏りは信号のもつ冗長度に起因するものであり，これを

表 3.3 ディジタル化（標本化周波数 44.1 kHz，16 bit 量子化）された楽音の一部
（ブラームス交響曲第 1 番第 1 楽章の一部）

桁	
MSB	0010101000101001001100111010000001000001001111100001000101011001011
14	1011001010100101101001101001110101101010111101010011010000110110011
13	1011110011011100100100011000001101110011101011001101100011110000000
12	1011111000000111000111110000000100000111001110000011111111100000000
11	0100000000000000111111110000000000000111000001111100000000011111111
10	1111111111111111111111110000000000000011100000000000000000000000000
9	1111111111111111111111110000000000000011000000000000000000000000000
8	1111111111111111111111110000000000000011000000000000000000000000000
7	1001011001101111001101011000100110101111010000001011000010001111110
6	1000101000001010011001011110001000101100100110000000011001101111111
5	1011001011010001110000000000100110100110110010000001010011111100011
4	0011001101111001001010101100000101100010100000011100000000010011001
3	1000101011001000001010010010011000110100001110110001101010101011101
2	1110001101100111101111011010100011110111000011111101110100000100011
1	0111110100110111010010011010110100111010100000000001011100010100111
LSB	1010010100111110101111100000100100011111100101110110100011110011001

利用して伝送路の節約，すなわちこの冗長度をなんらかの方法で軽減することにより高能率符号化が可能である。

表 3.3 の各ビットの 0，1 が独立にそれぞれ p，$q = 1 - p$ の確率で発生すると仮定すると，その平均情報量は 1 標本当り

$$H = -\{p \log_2 p + q \log_2 q\} \quad \text{〔bit〕} \tag{3.1}$$

となる。この方法で各ビットの平均情報量の総和を求めると 8～9 bit/標本となる。これは各ビットの 0，1 が独立に発生すると無ひずみ伝送に必要な伝送容量が 1 標本当り 8～9 bit すなわち 300～400 kbps であることを示している。しかるに表 3.3 からも観察されるとおり，各ビット特に上位のビットは独立に生起に属しているとはいい難い。そのうえ各ビット間の相関も観察される。

すなわち，音響信号は明らかに記憶となる過程に属しているといえる。そこで 16 bit で一様量子化された音響信号を多重マルコフ過程としてとらえその情報量を計算すると 1 標本当り 4～6 bit となる。後述のように冗長度を取り除い

たうえエントロピー符号化を導入することにより，150～300 kbps で無ひずみ伝送が可能なことを示している[7]。

3.2.2 予 測 符 号 化

予測符号化は音響信号が記憶のある確率過程に属していることに着目して過去のいくつかの標本値から現在の標本値を予測推定し，真の標本値と予測値との差，すなわち予測誤差を符号化して伝送する方法である。1標本前の値を予測値とする単純な差分 PCM でも通常の楽音に対し 1標本当り 8～9 bit，本格的な予測符号化では 1標本当り 4～5 bit で信号をなんら劣化させない伝送が可能である。ある程度ひずみを許容すればさらに大幅な伝送容量の圧縮が可能である。

3.2.3 エントロピー符号化

符号化された音響信号の各ビットの出現確率には偏りがある。エントロピー符号化は出現確率の高い情報源シンボルには短い符号を，出現頻度の低いシンボルには長い符号を与える不等長符号化方法である。電信におけるモールス符号は典型的な符号化である。**エントロピー**（entropy）符号化としてハフマン符号，シャノンの符号化，ランレングスリミテッド符号化などが知られている。

ハフマン符号の符号化方法は各シンボルを出現確率の高い順に並べ，つぎに出現頻度の低いほうから二つを組み合わせて符号 0，1 を与え，その出現確率を加算したうえ，出現確率の高い順に並べ最初と同じ操作を繰り返して各シンボルの符号を決定する。その結果最も出現確率の高いシンボルには最短，出現確率の最も低いシンボルに最長の符号が割り当てられる。

オーケストラ演奏の予測符号化の結果 5 bit に納まった残差信号に変調規則が簡単で復調の容易なハフマン符号を適用した例を**表 3.4** に示す。1標本当りのハフマン符号化された信号の平均情報量は 2.979 bit と原信号の情報量 2.94 bit にごく近い値にまで達している。すなわち，レートひずみ限界にほぼ一致

3. 聴覚の特性と高能率符号化

表3.4 各振幅出現確立とハフマン符号

振幅	出現確立 $P(n)$	情報量 $P\log_2 P$	ハフマン符号	ビット数 M_n	$M_n \times P(n)$
1	0.429 0	0.523 8	0	1	0.429 0
2	0.171 6	0.436 4	110	3	0.514 8
3	0.097 7	0.327 8	100	3	0.293 0
4	0.064 4	0.254 7	1011	4	0.257 4
5	0.046 0	0.204 2	11110	5	0.229 8
6	0.034 5	0.167 7	10101	5	0.172 7
7	0.026 9	0.140 2	111111	6	0.161 3
8	0.021 5	0.118 9	111011	6	0.128 7
9	0.017 5	0.101 9	111001	6	0.104 7
10	0.014 4	0.088 1	101000	6	0.086 4
11	0.012 0	0.076 7	1111100	7	0.084 1
12	0.010 1	0.067 1	1110100	7	0.070 8
13	0.008 6	0.058 9	1110001	7	0.060 0
14	0.007 3	0.051 9	1010011	7	0.051 2
15	0.006 3	0.045 8	11111011	8	0.050 0
16	0.005 4	0.040 5	11101011	8	0.042 9
17	0.004 6	0.035 8	11100001	8	0.036 8
18	0.004 0	0.031 6	11100000	8	0.031 7
19	0.003 4	0.027 9	10100100	8	0.027 2
20	0.002 9	0.024 5	111110100	9	0.026 2
21	0.002 5	0.021 5	111010100	9	0.022 3
22	0.002 1	0.018 7	101001011	9	0.019 0
23	0.001 8	0.016 2	1111101011	10	0.017 8
24	0.001 5	0.013 9	1111101010	10	0.014 8
25	0.001 2	0.011 8	1110101010	10	0.012 2
26	0.001 0	0.009 9	1010010101	10	0.009 9
27	0.000 8	0.008 0	11101010111	11	0.008 6
28	0.000 6	0.006 3	11101010110	11	0.006 5
29	0.000 4	0.004 7	10100101001	11	0.004 6
30	0.000 3	0.003 2	101001010001	12	0.003 2
31	0.000 1	0.001 6	101001010000	12	0.001 5
	$\Sigma P(n)$ = 1.000	$\Sigma P\log_2 P$ = 2.940 0 〔bit〕			$\Sigma (M_n \times P(n))$ = 2.979 0 〔bit〕

している。

ただし，エントロピー符号は不等長符号であるので，伝送に使用する場合は大容量の一時記憶素子と辞書（符号割当表）が必要であり，変復調には長い処

3.3 聴覚の基本特性と符号化

3.3.1 聴覚の基本メカニズム

音の物理的な正体は，空気圧に重畳した微小な圧力変化である。空気圧が $1\,013\,\text{hPa} = 1.013 \times 10^5\,\text{Pa}$ であるのに対して，人が"音"として聞くことのできる最小の圧力変化，すなわち音圧は，およそ $2 \times 10^{-5}\,\text{Pa}$ である。一方，聴取可能な最大の音圧は $200\,\text{Pa}$ 程度であり，$20\,\text{Pa}$ 以上になると単に"音"としてではなくしだいに"痛覚"として知覚されるようになる。

空気圧に対しては微小な変化ではあるが，音として知覚される最小の音圧を基準とした最大音圧は 10 の 7 乗倍となる。このため一般に音圧の表現は $2 \times 10^{-5}\,\text{Pa}$ を基準としてレベル表示し，その単位には dBSPL（sound pressure level）が用いられる。すなわち，最小の音圧が 0 dBSPL，最大の音圧は 140 dBSPL 程度となる。また，聴覚で受容できる音の周波数にも上下限が存在し，一般に 20 Hz から 20 kHz の範囲とされている。

しかしながら，上記の周波数・音圧範囲がすべて可聴範囲であるわけではない。人間が知覚できる純音の音圧レベルの最小値を表す**最小可聴限**（hearing threshold）は，強い周波数依存性をもつ。さらに，ある周波数の純音を基準とし，周波数を変化させた別の純音の"音の大きさ"（以下，ラウドネス（loudness）と表記する）が基準音の大きさと同等と感じる音圧も，周波数および音圧レベルに依存した特性をもっている。ラウドネスは，1 kHz の正弦波の音圧レベルを基準として表現し，その単位は phon である。1 kHz 以外の周波数におけるラウドネスは，この音と等価なラウドネスをもつ基準音の音圧レベルとして規定される。

図 3.2[†] は，Robinson らが測定した等ラウドネス曲線と最小可聴限であ

[†] このデータをもとに，ISO（International Organization for Standardization）の等ラウドネス曲線が規定されている[9]。

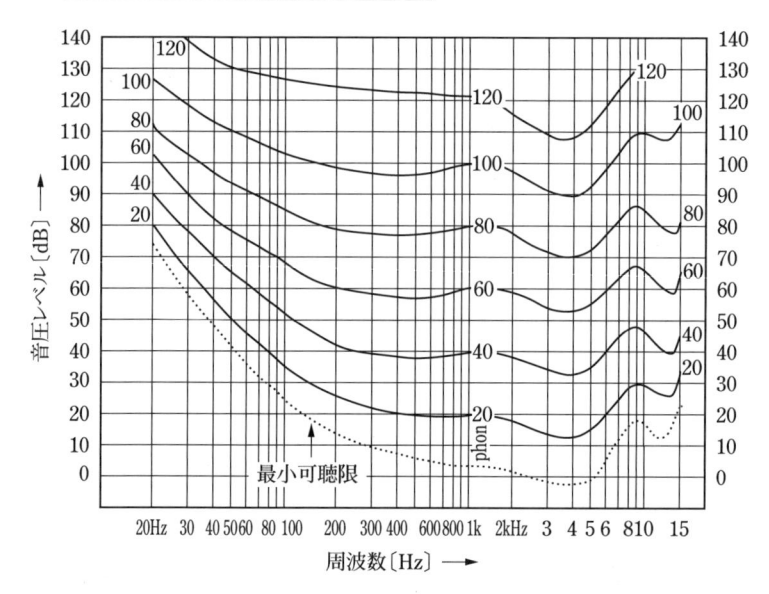

図 3.2 自由音場内で両耳聴取における純音に対する等ラウドネス曲線
（点線は，最小可聴限を示す）[9]

る[10]。図中，破線は最小可聴限を，実線は等ラウドネス曲線を表す。図に見られるように，比較的低い音圧レベルにおいては周波数によって最小可聴限およびラウドネスは大きく変化し，例えば 50 Hz における最小可聴限は 40 dBSPL にも及ぶ。音圧レベルの上昇に伴いラウドネスの周波数依存性は小さくなるものの，80 dBSPL の音圧をもつ 1 kHz の純音に比べ，40 Hz の純音のラウドネスは 20 phon 以上小さい。さらに，高い周波数領域においても低い周波数領域同様，周波数・音圧レベルに対する最小可聴限やラウドネスの依存性がみられる。

CD や DAT に代表されるような広帯域音響信号を取り扱うディジタル機器では，信号帯域が 20 kHz 以上となるようにサンプリング周波数は 44.1 kHz や 48 kHz などの値に設定され，信号のダイナミックレンジも 90 dB 以上確保するよう量子化精度として 16 bit が一般に用いられている。このため，単位時間当り必要な情報量は，CD の場合サンプリング周波数 44.1 kHz であることからステレオで約 1 411 kbps，DAT ではサンプリング周波数 48 kHz の場合

1 536 kbps となる．しかし，聴覚の感度の高い 1〜5 kHz でのダイナミックレンジが 120 dB 以上あることを考えると，必ずしも現在の量子化精度は十分とはいえず，より多くの情報量が必要である．

一方，特に 100 Hz 以下の低周波領域や 15 kHz 以上の高周波領域では，最小可聴限が高く，低レベルの信号を知覚できない領域が広く存在することを考えれば，この領域を表現するために使用される情報量は無駄になってしまうとも考えられる．

3.3.2 マスキング現象

大きな音でステレオを聞いていて，電話のベルやドアのチャイムの音に気づかなかったり，気づくのが遅れてしまったという経験は，だれにでもあるのではなかろうか．このような，大きな音の存在のために小さな音が検知できない現象は，**マスキング現象**（masking effect）と呼ばれ，日常生活において非常に重要な役割を果たしている．このマスキング現象による音の検知の妨害を排除するためには，ステレオの音を小さくするか，さもなければ電話のベルやドアのチャイムの音を大きくする必要がある．このようにマスキング現象は，ほかの音の検知を妨げる**マスカー**（masker）と，それによりその知覚が妨げられる**マスキー**（maskee）との相対関係として考えることができる．

マスキング現象は，マスキーがまったく知覚されなくなる**完全なマスキング**（complete masking）と，知覚はされるもののそのラウドネスがマスカーの存在しない場合に知覚されるラウドネスに比べ減少する**部分マスキング**（partial masking）とに大別される．この部分マスキングは，まったくマスキングの影響を受けていない状態から完全なマスキング状態への遷移状態と考えることができ，その効果も完全なマスキングに比べ小さいため，以下では完全なマスキングについてのみ述べる．

マスキング現象については，古くから心理学的手法や生理学的手法を用いて種々の定量的な測定がなされてきた．しかし，3.3.1項で述べた可聴範囲同様，観測されるマスキング現象は，マスカーおよびマスキーの周波数成分，音

圧レベル，持続時間などの特性のみならず，両耳提示の際の両耳間相関などに依存すること[11),12)]が知られており，マスキング現象の詳細なメカニズムに関しては完全には解明されていない。その一方，3.3.3項で述べるように，マスキング現象を利用した音響信号の高能率符号化など，工学的な応用分野も急速に拡大している。

マスキング現象は，マスキーとマスカーの時間的な関係から，図 3.3 に示すようにマスカーとマスキーが同時刻に存在する**同時マスキング**（simultanious masking），マスキーがマスカーに先行する**逆向マスキング**（backward masking），これとは逆にマスカーがマスキーに先行する**順向マスキング**（forward masking）とに分類できる。図 3.4 は，音圧レベル 90 dBSPL，持続時間 50 ms の白色雑音をマスカーとし，マスキーに持続時間 5 ms，1 kHz の純音を用いた場合の順向マスキングおよび逆向マスキングを示している。縦軸はマスキーの検知レベルと最小可聴限の差として定義されるマスキング量〔dB〕，横軸はマスカーとマスキーの生起時間差を示している。

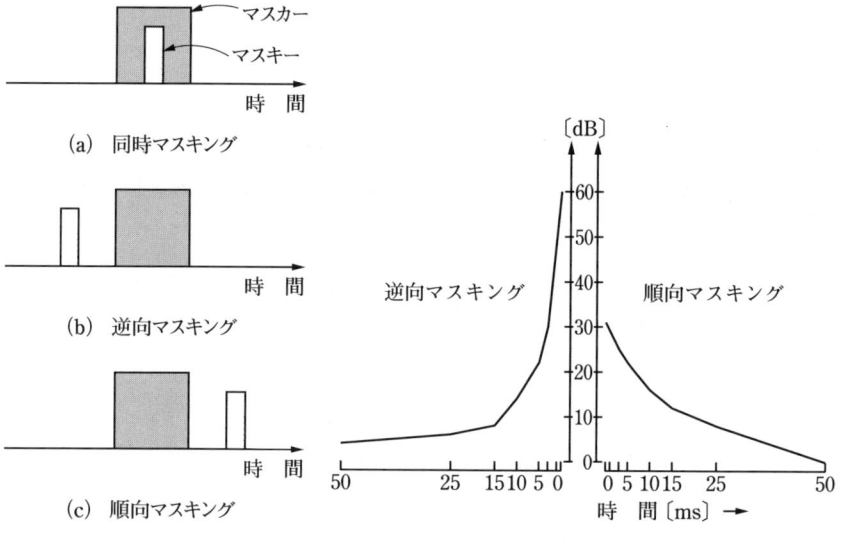

図 3.3 同時，逆向および順向マスキングにおけるマスカーとマスキーの関係

図 3.4 順向および逆向マスキングにおけるマスキング量（単耳マスキングの場合）〔文献 13)を改変〕

3.3 聴覚の基本特性と符号化　　*81*

例えば，マスカーがマスキーに 5 ms の時間間隔をおいて先行する場合，マスキーのレベルが 22 dBSPL 以下の場合マスキングされ，マスキーの存在が知覚できないことを表している。

図 3.4 の場合では，マスカーとマスキーの時間間隔が 10 ms 以下の場合は逆行マスキングの効果が大きく，時間間隔が大きくなると両者の差は小さくなる。しかし，マスカーには，広帯域ノイズ・狭帯域ノイズ・正弦波など種々の信号が想定され，その種類や持続時間によって観測されるマスキング量も変化することが知られている。

さらに，図 3.4 はマスカーおよびマスキーが同一の耳に与えられる単耳マスキングの場合の結果であるが，マスカーおよびマスキーが左右別々の耳に与えられる両耳間マスキングでは，単耳マスキングの場合に比べマスキング量はかなり減少することが知られている[13]。

3.3.3　広帯域ノイズによるマスキングと臨界帯域

広帯域ノイズによるマスキングは，基本的にマスカーとマスキーのレベル差だけに依存する。図 3.5 は，−10 dB から +50 dB のレベルをもつ広帯域マスカーにより純音がマスキングされるレベルを実線で示している。図中の破線は最小可聴限を表す。図に見られるように，マスカーのレベルが 10 dB 上昇すると，マスキーの検知レベルもほぼ 10 dB 上昇する。さらに，マスキング量は，500 Hz 以下の帯域では周波数によらずほぼ一定（マスカーレベルが 0 dB のと

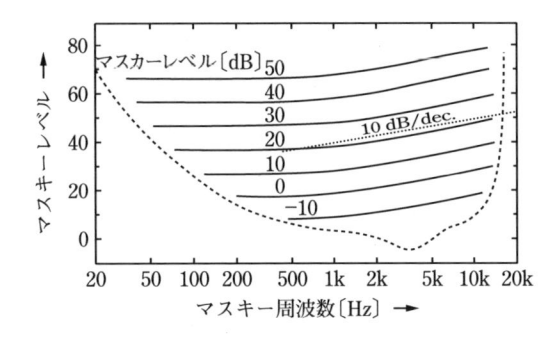

図 3.5　種々のレベルの白色雑音によりマスクされた純音信号の検出レベル[11]

き+17 dB 程度)となるが,500 Hz 以上の帯域ではおおよそ 10 dB/decade で増加する。これは,ある帯域内のマスカーのエネルギーが加算され,マスキーのエネルギーと比較されてマスキングが生じていると解釈でき,高い周波数ではその帯域幅が広くなっているためと考えられている。

このことは狭帯域ノイズをマスカーに用いた場合のマスキング量を測定することにより確かめられる。Schafer は 3 200 Hz の純音を,中心周波数が 3 200 Hz の帯域雑音でマスキングした際のマスキング量を測定し,マスキング量に影響する帯域雑音の帯域幅に上限のあることを示した[14]。すなわち,ある一定の周波数帯域内の信号成分だけがマスキング現象に関与し,この帯域以外の信号成分からは影響を受けないことが明らかとなった。このマスキングに関与する周波数帯域は,**臨界帯域** (critical band) と呼ばれる。その帯域幅を周波数ごとに測定し,隣接する帯域と重複しないように 15.5 kHz までの帯域を分割すると,**表 3.5** のように 24 分割できる。

この表は,それまでの研究結果を整理統合して,1961 年に Zwicker が提唱したものであり,臨界帯域比 z には "Bark" という単位が与えられた[15]。表に見られるように,低域では帯域幅は 100 Hz 一定で,周波数が高くなるにつれてしだいに帯域幅は広がり,最も高い 24 Bark では 3 500 Hz になる。臨界帯域幅の概算式は,E. Zwicker & E. Terhardt によって次のように与えられている[16]。

$$CB_c = 25 + 75\left[1 + 1.4\left(\frac{f}{1\,000}\right)^2\right]^{0.69} \tag{3.2}$$

ただし,CB_c は臨界帯域幅〔Hz〕,f は中心周波数〔Hz〕を表す。

臨界帯域と等しい帯域幅をもった 60 dB の帯域雑音による純音のマスキング特性を**図 3.6** に示す。図は,中心周波数が 250 Hz,1 kHz,4 kHz の帯域雑音により純音がマスキングされた音圧レベルを,最小可聴限(破線)とともに示している。1 kHz と 4 kHz の帯域雑音によるマスキング特性の周波数選択性は類似している。両者は,250 Hz の場合に比べ中心周波数に対して対称性があり,しかもよりシャープである。さらに,マスカーとマスキーの最小レベ

3.3 聴覚の基本特性と符号化

表3.5 臨界帯域比と各臨界帯域の上限・中心・下限周波数および帯域幅[11]

臨界帯域比〔Bark〕	上限周波数〔Hz〕	中心周波数〔Hz〕	帯域幅〔Hz〕	臨界帯域比〔Bark〕	上限周波数〔Hz〕	中心周波数〔Hz〕	帯域幅〔Hz〕
0	0			12	1 720		
		50	100			1 850	280
1	100			13	2 000		
		150	100			2 150	320
2	200			14	2 320		
		250	100			2 500	380
3	300			15	2 700		
		350	100			2 900	400
4	400			16	3 150		
		450	110			3 400	550
5	510			17	3 700		
		570	120			4 000	700
6	630			18	4 400		
		700	140			4 800	900
7	770			19	5 300		
		840	150			5 800	1 100
8	920			20	6 400		
		1 000	160			7 000	1 300
9	1 080			21	7 700		
		1 170	170			8 500	1 800
10	1 270			22	9 500		
		1 370	190			10 500	2 500
11	1 480			23	12 000		
		1 370	210			13 500	3 500
12	1 720			24	15 500		
		1 850	280				

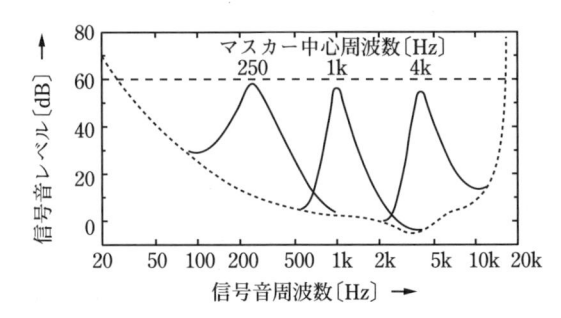

図3.6 中心周波数 0.25, 1, 4 kHz, 60 dB の臨界帯域幅の帯域雑音による純音のマスキング特性[11]

ル差は 250 Hz の場合が最も小さく 2 dB であるのに対して，1 kHz では 3 dB，4 kHz では 5 dB と高周波数になるほど増加している。なお，観測されるマスキング特性は，マスカーのレベルに依存していることが知られている。一般に，マスカーのレベルが上昇するに従い，マスキング特性の対称性が失われ，高い周波数に対するマスキング量が大きくなる。

3.3.4 純音および非定常信号によるマスキング

純音による純音のマスキングについても，帯域雑音による純音のマスキングと全体的には同様な傾向がみられる。しかしながら，純音をマスカーとした場合，ノイズをマスカーに用いた場合にはみられないビート現象が観測される。例えば，マスカーとして 1 kHz，80 dB の純音を用いた場合，990 Hz，60 dB の純音は直接知覚されることはないが，10 Hz のビートによってその音の存在が知覚される。これは，明らかにノイズをマスカーとして測定した純音のマスキングでの判断とは大きく異なっている。マスカーとマスキーとの間でのビート現象は完全に防ぐことはできないが，両者の位相を考慮することにより同一周波数帯域でのマスキング量は観測可能である。

図 3.7 は，1 kHz 純音によるマスキング特性を示している。図中，破線は最小可聴限を示しており，数値はマスカーのレベルである。図 3.6 に示した狭帯域ノイズによる純音のマスキング同様に，マスキングが低域側に比べ高域側へ広がる傾向が，この図においても観測される。また，マスカーレベルの上昇に伴って，低域側の傾きは急に，高域側の傾きは緩やかになっており，マスキン

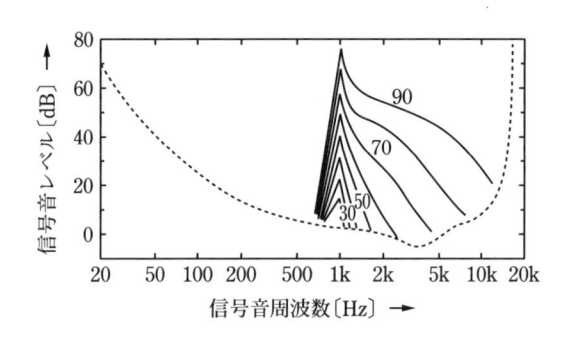

図 3.7 1 kHz 純音による種々の周波数のマスキング特性（1 kHz 近傍のプロットは推定値である）[11]

グ量がマスカーのレベルに依存することが観測される。

　音楽信号など非定常な信号におけるマスキング現象を考えるさい，マスキーおよびマスカーの継続時間の影響について検討する必要がある[17]。マスキーの継続時間を変化させた場合のマスキング特性を観測すると，マスキーとマスカーの周波数が異なる場合には継続時間が長くなるに従いマスキング量は減少する。このことは，継続時間の増加に伴いマスキーのエネルギーが増加するためと解釈できる。しかし，図 3.8 に示すように，マスカーの継続時間を 250 ms と固定し，同一周波数のマスカーの継続時間を変化させた場合，継続時間の増加に伴いマスキング量はいったん減少するが，20～40 ms 付近で最小値をとったあと，再び増加する。

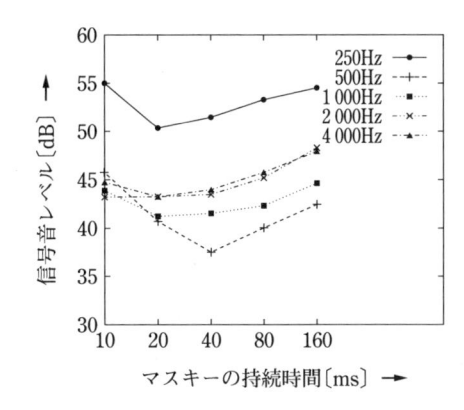

図 3.8　マスカーとマスキーが同一周波数の場合のマスキング特性の時間依存性[17]

　この原因として，図 3.9 に示すように持続時間が 20 ms および 40 ms の信号のサイドローブに比較して，10 ms の信号のサイドローブが高いレベルをもつ周波数成分が存在しており，この部分が検出に寄与していると考えられる。その場合，継続時間の増加はパワースペクトルの先鋭化をもたらすため，継続時間の増加に伴いいったんマスキング量が減少したあとに再び増加すると解釈できる。このようにマスキング量がある最小値をもつことは，マスキング現象を広帯域信号の符号化に用いるさい，重要な意味をもつ。すなわち，符号化のさい，このマスキング量の最小値を用いれば，ほかの持続時間でもマスキングによりマスキーの存在が知覚されないことを意味する。

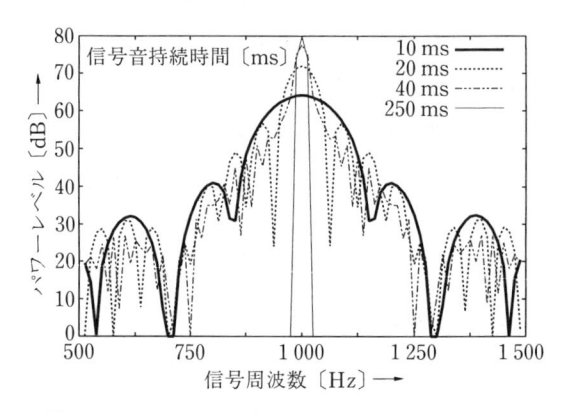

図 3.9 マスカーおよびマスキーのパワースペクトル

3.3.5 音響信号の聴覚的冗長性と符号化

音響信号を符号化するさい，復号信号を利用するのが人間である場合には，3.3.4 項で述べたようにマスキング現象により，信号中に人間には知覚できない冗長な成分が存在する。これは，音響信号における"聴覚的冗長性"ととらえることができる。具体的に冗長な成分としては，

・最小可聴限以下のレベルの音響信号成分に配分された情報量
・マスキングレベル以下の音響信号成分に配分された情報量

があげられる。さらに，アナログ音響信号をディジタル信号に符号化するさいにつねに問題となる**量子化雑音**（quantization noise）は，従来の線形量子化では最小可聴限以下に抑える必要があるとされていた。これは，符号化される信号の大小にかかわらずつねに一定の量子化幅を利用していたためで，広帯域音響の符号化には 16 bit 以上の量子化精度が用いられてきた。しかし，最小可聴限以下またはマスキングレベル以下の量子化雑音がマスキングされることを考慮すれば，マスキングレベル以下に量子化雑音を低減するために用いられた情報量は，明らかに冗長である。すなわち，

・マスキング現象により許容されるレベル以下に量子化雑音を抑えるために配分された情報量

は，冗長であると考えられる．

　このように，聴覚におけるマスキング特性を利用し従来の線形量子化における冗長性を削除することにより，高能率な符号化が可能となる．マスキング特性が周波数帯域により異なり，さらにマスキング現象に影響するマスキーのエネルギー加算が臨界帯域で表される有限の周波数範囲に限定されることを符号化に利用するには，帯域分割符号化が都合がよい．具体的な符号化アルゴリズムは，以下の項でとりあげることとし，ここでは基本的な考え方のみを述べる．概略の符号化器は，以下のように表される．

① 広帯域音響信号を適当な周波数帯域に帯域分割する．そのさい，周波数間引きによりサンプリングレートを抑える．

② 各周波数帯域ごとに，周波数分析を行い，その帯域におけるマスカーレベルを算出する．

③ 各帯域におけるマスカーレベルにより，当該帯域および周辺の帯域におけるマスキングレベルを順次求める．

④ 各帯域におけるマスキングレベルは，最小可聴限，各帯域におけるマスカーにより算出されたマスキングレベルのうち，最大のものとする．

⑤ 各帯域において，信号レベルとマスキングレベルから，量子化に必要なビット数および量子化幅（ゲイン）を求め，これにより再符号化する．

⑥ 上記により符号化された信号とその際の量子化幅から，伝送に用いるビットストリームを構成する．

3.4　MPEG/Audio

3.4.1　MPEG 1/Audio の概要

　聴覚特性を利用した高能率符号化に関する研究は，本章のはじめに述べたように 1980 年代前半に始まり，放送・通信メディアのディジタル化や音響機器のディジタル化と相まって急速に研究が進み，80 年代半ばには数多くの方式が提案されてきた．このような高能率符号化手法は，動画像のディジタル化と

その圧縮技術と平行してISO/IECのMPEG (Moving Picture Expert Group) においてその規格化が検討され，1993年 ISO/IEC 11172 として規格化された。

この規格は，Part 1：Systems，Part 2：Video，Part 3：Audio，Part 4：Compliance testing の4部からなり，音響信号の符号化については Part 3 に記載されている[18),19)]。なお，ディジタル動画像および音響信号の圧縮技術に関しては，現在も検討が進んでおり，1993年に規格化されたものは一連の研究の第一フェーズにあたるため，通常 MPEG 1 と呼ばれている。このため，MPEG 1 の Part 3 で記述された規格を参照する場合，MPEG 1/Audio 呼ぶ。

第一フェーズとして規格化された内容は，符号化方式・復号化方式および伝送蓄積に用いられるビットストリームの構成に関するものである。図3.10 に符号化方式のブロック図を示す。PCM 録音された音響信号はまずサブバンド分割および間引きされサブバンド信号に変換される。心理音響モデルは，量子化器および符号化器への制御情報を作成する。量子化器および符号化器は，心理音響モデルから与えられた制御情報に基づき，サブバンド信号を符号化し，これにエラー補正のための情報などを付加してフレーム構成器で伝送・蓄積のためのビットストリームを構成する。

ここで，心理音響モデルからの制御情報およびそれを用いた量子化・符号化の具体的な手法については規格化はされておらず，実際の符号化器の構成に依

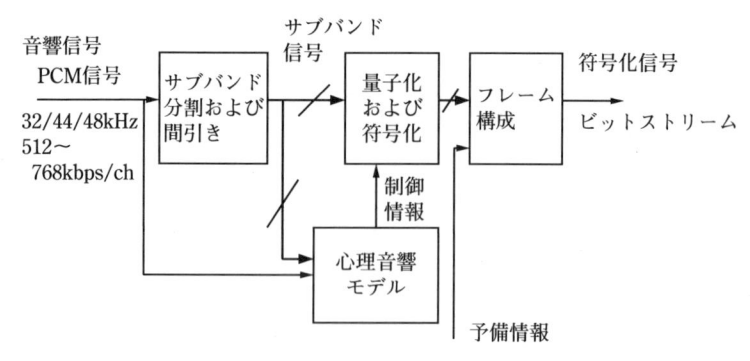

図3.10 MPEG 1/Audio (レイヤ I，II，III) の符号化方式のブロック図

存する[†1]。すなわち，サブバンド数や各バンドでのビット数などのビットストリームにおける制御情報のみから復号化器において音響信号の再生が可能であり，どのように各バンドにビット数を割り当てるかなどの符号化アルゴリズム自体は，この規格では規定されていない。

復号化方式のブロック図を図 3.11 に示す。ビットストリームをフレームごとに解析し必要に応じてエラー修正を行ったあと，ビットストリームから量子化されたサブバンド信号を復号化する。復号化されたサブバンド信号をもとに通常の PCM 信号をサブバンド合成する。この復号化方式は，厳密に規定されており，あるビットストリームに対して単一の PCM 信号が復号化されなければならない。

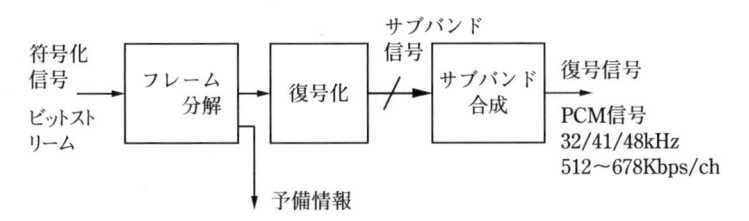

図 3.11 MPEG 1/Audio（レイヤ I，II，III）の復号化方式のブロック図

MPEG 1/Audio で規定されているモードには，モノラル，二つのまったく独立な 2 チャネルの信号，ステレオの三つに加え，ステレオ信号のもつ冗長性などを活用したジョイント・ステレオの合計四つがある。特に，ジョイント・ステレオでは，左右チャネルを直接利用した強度ステレオと，左右チャネルの和および差を用いた MS[†2] ステレオの二つの拡張モードが用意されている。また，符号化の対象となる音響信号のサンプリング周波数は，従来の CD や DAT の規格に対応する 32 kHz，44.1 kHz，48 kHz の 3 種類である。

MPEG 1/Audio の符号化方式は，複雑さと圧縮率に基づいた三つのレイヤ

[†1] このことは，ある音響信号を符号化した場合，異なった符号化器では異なったビットストリームに符号化されうることを意味している。
[†2] mid/side の略

からなる．符号化の複雑さおよび符号化効率の低いものから順に，レイヤ I，II，III と規定されており，復号化器においては指定されたレイヤおよびそれより低位のレイヤの復号ができなくてはならない．

レイヤ I では，32～448 kbps のビットレートの符号化を行い，符号化・復号化に要する遅延の理論的な最小値は約 19 ms である．レイヤ II では，ビット配分・スケールファクタの符号化手法が変更され，制御情報の長さも動的に配分される．ビットレートは 32～384 kbps，符号化・復号化の理論的最小遅延は約 35 ms である．さらに，レイヤ III では，ハイブリッド・フィルタバンクによる周波数分解能の向上を行うとともに，不均一量子化・適応セグメンテイション・エントロピー符号を用いる．このため，符号化・復号化に要する最小遅延も 59 ms と長く，ビットレートは 32～320 kbps である．

3.4.2 MPEG 1/Audio レイヤ I，II の符号化手順

レイヤ I が最も基本的な構成であり，レイヤ II，III はこれを拡張した形となっているが，レイヤ I，II には類似点が多い．ここでは，レイヤ I，II の具体的な符号化アルゴリズムについて述べる．アルゴリズムの概要を図 3.12 に示す．さらに，MPEG 1/Audio の規格である ISO/IEC 11173 では，心理音響モデルとして二つのモデルが与えられており，それぞれ心理音響モデル 1，2 と呼ばれている．

心理音響モデル 1 は，レイヤ I および II だけで用いられる．一方，心理音響モデル 2 はレイヤ I および II でも利用され，レイヤ III ではこれを改変したモデルが用いられている．ここでは，心理音響モデル 1 を用いた符号化手法を紹介する．

〔1〕 サブバンド分割

レイヤ I，II では，図 3.12 に示す構成を直接実現している．まず入力信号をフィルタバンクにより，32 個の等バンド幅のサブバンドに分割する．このフィルタバンクには，ポリフェイズフィルタまたはハイブリッド・ポリフェイズ/MDCT（modified discrete cosine transform）フィルタバンクが使われて

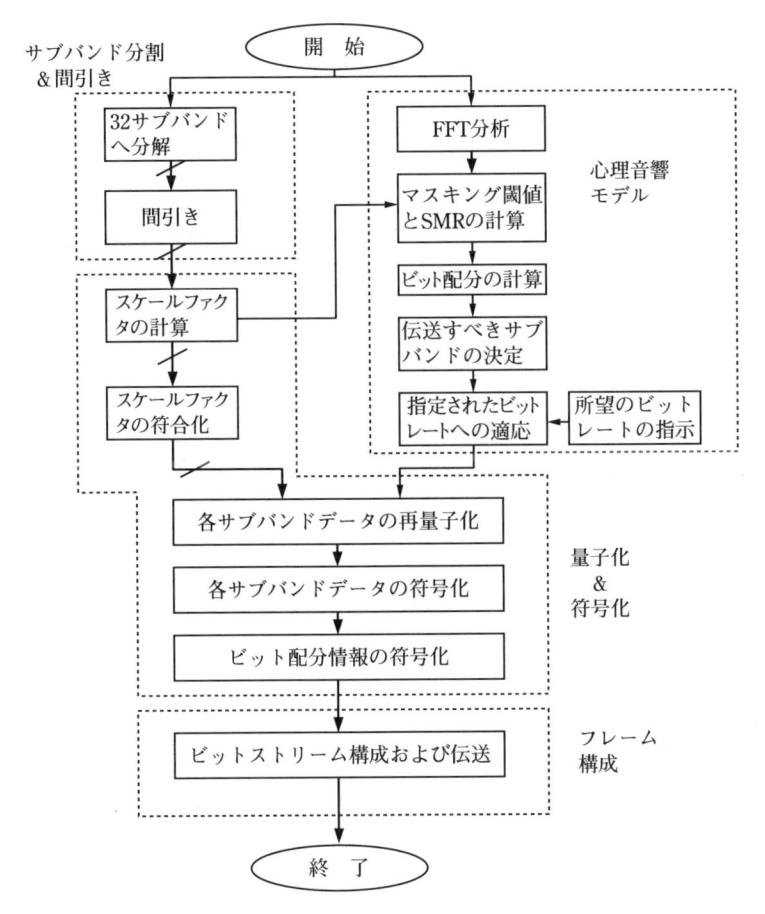

図3.12　レイヤIおよびIIにおける符号化アルゴリズムのフローチャート

おり，符号化における分割フィルタおよび復号化における合成フィルタとして利用される．

〔2〕 **SMR に基づくビット配分**

つぎに，各バンドのサンプル値および心理音響モデルにより算出される信号対マスキング閾値の比 SMR (signal to masking ratio) に基づき，各チャネルのビット配分 (0〜15 bit) ならびにスケールファクタ (2 dB 間隔で 63 レベル) を決定する．後段におけるフレーム構成器では，この情報に基づき各サブ

バンド信号の再量子化を行い，ビットストリームを構成する。データフレームは，ヘッダ，エラーチェック，オーディオデータおよび予備データからなり，フレーム長はデータにより変化する。1フレームには，レイヤIでは384サンプル（48kHzサンプリングで8ms），レイヤIIでは1152サンプルのデータが記録され，フレーム内の情報だけから復号化可能である。ヘッダは32bit固定長で，レイヤ，ビットレート，サンプリング周波数，モードなどの情報からなる。エラーチェックは，16bitのパリティチェックワードであり，予備データはユーザ定義となっている。

ジョイント・ステレオモードで符号化する場合，拡張モード指定に従い特定の周波数以上のバンドについては，強度ステレオモードで符号化され，一つのデータで左右チャネルの信号を表現する。このとき，下限周波数は第4/8/12/16バンド（48kHzサンプリングにおいておのおの3/6/9/12kHzに相当）の4種類のうちの一つに設定される。

一方，拡張モードで指定されたバンドより低い周波数バンドにおいては，通常のステレオで符号化する。

さらに，レイヤIでは32サブバンドすべてを符号化するが，レイヤIIにおいては，サンプリング周波数とビットレートとの関係から，低周波側の8〜30バンドだけを符号化し，高周波側のサブバンドは伝送されない。例えば，48kHzサンプルの場合，ビットレートがチャネル当り56〜192kbpsでは低周波側の27サブバンド，32〜48kbpsでは8サブバンドを使用している。

〔3〕 スケールファクタの計算と符号化

つぎにスケールファクタを，各サブバンドにおいて12サンプルごとの最大値を基準に決定する。ただし，ビット配分のないサブバンド，すなわち情報の伝送されないサブバンドについてはスケールファクタも伝送しない。さらに，レイヤIIでは36サンプルをまとめて一つのフレームを構成するが，この場合三つのスケールファクタが必要となり，ビットレートの低減に逆向する。このため三つのスケールファクタの差分を計算し，これに基づきスケールファクタの変化を符号化する。

〔4〕 心理音響モデルによるSMRの決定

心理音響モデルでは,各バンドごとの丁度可知雑音レベル (just noticable noise level) を計算することによりSMRを求める。心理音響モデル1によるSMRの計算は,以下の手順に従って行われる。

Step A1: PCMデータを,レイヤIでは$N=512$点,レイヤIIでは$N=1\,024$点のFFTにより周波数領域に変換し,パワースペクトルレベル$X(k)$を求める。このとき,スペクトルインデックスkの範囲は,$0 \leq k < N/2$になる。また,スペクトルレベルは,最大レベルを96 dBSPLに対応するように正規化する。

Step A2: サブバンド$n(n = 0, 1, \cdots, 31)$における音圧レベル$L_{sb}(n)$を決定する。当該サブバンドに含まれるパワースペクトルレベル$X(k)$,スケールファクタ$scf(n)$より計算されるrmsレベル$P_{scf}(n)$の最大値をこのサブバンドの音圧レベル$L_{sb}(n)$とする。すなわち,

$$L_{sb}(n) = \max\left(X(k_n), \cdots, X\left(k_n + \frac{N}{64} - 1\right), P_{scf}(n)\right) \ \text{[dB]} \ (3.3)$$

と与えられる。ただし,$k_n = (N/64)n$。ここで,レイヤIIでは連続する3フレームのスケールファクタの最大値をscfとして用いる。

Step A3: 最小可聴限(絶対閾値)$LT_q(k)$を,規格の参考資料として与えられた表より求める。

Step A4: 純音成分と非純音成分を検出し,それぞれの成分のレベル$X_{tm}(k)$,$X_{nm}(n)$を算出する。この操作は,マスカーの純音性が,マスキング閾値に影響を与えることを考慮し,純音成分と非純音成分を弁別しそれぞれの成分によるマスキング閾値を独立に決定するために行う。純音成分は,特定周波数範囲内でスペクトルレベルが周囲より7 dB以上高いピークをもつものとし,非純音成分は臨界帯域内の純音成分を除いた信号レベルを合計したものとする。

Step A5: 純音・非純音それぞれの成分に対応するマスカーの間引きを行う。まず純音・非純音成分のレベルが最小可聴限より低い場合,これを無視す

る。さらに，0.5 Bark 以下の距離しかない純音成分に関して，最も高いレベルをもつ純音成分だけを残し，ほかは無視する。

Step A 6：まずパワースペクトルレベル $X(k)$ を，高周波数域のスペクトル成分を中心に一定の規則で合計 110 本程度に間引きする。この間引きされたスペクトルのインデックスを $i\,(0 \leq i < I)$ とする。

間引きされたスペクトル成分に対して Bark スケール上で，成分周波数の上昇に伴い線形に低下するマスキング閾値と，特定のマスカー成分に対する上下両側に対するマスキング閾値を，全周波数帯域にわたり求めることにより純音・非純音成分に対するマスキング閾値 LT_{tm}，LT_{nm} を決定する。

上記の処理例として，図 3.13 に，8.1 Bark（937 Hz に相当），80 dB の純音成分に対するマスキング閾値 LT_{tm} の概形を，相対 Bark スケールに対してプロットしたものを示す。

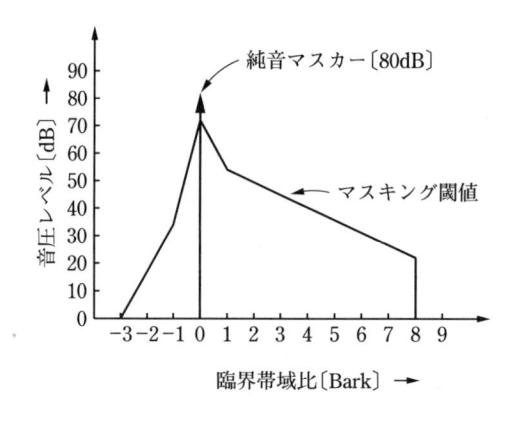

図 3.13 心理音響モデルで与えられる純音（80 dBSPL，8.1 Bark＝937 Hz）に対するマスキング閾値

Step A 7：Step A 6 で求めた純音・非純音成分に対するマスキング閾値 LT_{tm}，LT_{nm} および Step A 3 で与えた最小可聴限 $LT_q(k)$ の真数領域での加算として，各スペクトル・インデックス i に対する全マスキング閾値 $LT_g(i)$ を決定する。

Step A 8：サブバンドごとにおける $LT_g(i)$ の最小値を求め，これを各サブバンドにおける最小マスキング閾値 $LT_{\min}(n)$ とする。ただし，n はサブバ

Step A 9：サブバンド n の信号レベルを $L_{sb}(n)$ とすると，このサブバンドにおける信号対マスキング閾値の比 SMR(n) を，つぎの式により求める．

$$\text{SMR}(n) = L_{sb}(n) - LT_{min}(n) \quad [\text{dB}] \tag{3.4}$$

つぎに，指定された伝送ビットレートで許容されるビット数を，各サブバンドに配分する．具体的には許容されるビット数から，ヘッダ (32 bit)，CRC チェック (16 bit)[†]，ビット配分情報，さらに予備情報ビットを除いたビット数がデータで利用できるビット数となる．

例えば，48 kHz ステレオを 192 kbps で符号化する場合，1 フレームが 1 536 bit であることから 1 536 − (32 + 16 + 256 + 0) = 1 232 bit となる．ビット配分の基本原理は，利用可能なビット数内でノイズ対マスキング閾値の比 MNR (masking-to-noise ratio) を最小とすることである．まず，各サブバンドに対するビット配分をすべて零とする．つぎに以下の手順を条件を満たすまで繰り返す．

Step B 1：最小の MNR をもつサブバンドを求める．ここで，MNR = SMR − SNR であり，SNR (signal-to-noise ratio) はビット配分により一意に決まり，SMR は心理音響モデルにより与えられる．

Step B 2：最小の MNR となるサブバンドの分解能をつぎのステップまで上げる．ただし，指定可能な分解能は，レイヤ I では 0 と 2〜15 bit，レイヤ II ではサンプリング周波数・ビットレートなどにより指定されている．

Step B 3：このサブバンドの MNR を計算しなおす．

Step B 4：利用可能な全ビット数を再計算する．このとき，ビット配分を行うことになったサブバンドに対してはスケールファクタ分の 6 bit が必要となる．利用可能なビット数がある限り，上記の手続きを繰り返す．

〔5〕 **ジョイント・ステレオ**

ジョイント・ステレオ符号化はオプションとして規定されており，レイヤ

[†] cyclic redundancy code：エラー検出用コード

Ⅰ，Ⅱでは強度ステレオ符号化法が用いられている。この強度ステレオ符号化は，特定の周波数以上のサブバンド信号を，左右独立に符号化するのではなく左右信号の和と左右独立のスケールファクタとして符号化する方法で，10～20 kbps のビットレートの削減が可能である。この処理はほとんど演算量の増加はもたらさず，したがって符号化器や復号化器の遅延には影響はない。このような符号化法が採用された背景には，高い周波領域における臨界帯域内の音による定位感が，音のエンベロープの時間変化に依存しているという心理学的な知見の存在がある。

3.4.3 MPEG 1/Audio レイヤⅢの符号化手順

レイヤⅠ，Ⅱはすでにディジタル放送の音声チャネルとして利用されているのに対し，レイヤⅢの利用はインターネット上の画像および音声の符号化方式として利用されている[†]。

レイヤⅢでは，ISO/IEC 11172 で規定されている心理音響モデル 2 を改変したモデルが用いられている。まず長短二つのブロック長における FFT 分析が並行して行われ，この分析結果をもとに各周波数帯域における最小可聴限と音響信号のエネルギーをもとに"心理音響エントロピー"と名づけられたパラメータを求める。この心理音響エントロピーの大小によって入力音響信号にアタックと呼ばれる大きな過渡成分が存在するか否かを判定している。

このような手続きは，レイヤⅠおよびⅡでは行われていないが，そのため過渡的な音響信号を符号化する際，符号化ブロック内に知覚可能なレベルの量子化誤差が広がる現象が観測される。この現象は，実際のアタックの前に，雑音によりアタックの存在が知覚されることから，プリエコーと呼ばれている。

このプリエコーを低減するため，レイヤⅢでは符号化対象ブロックをアタックを含まない"Normal"，アタックの開始を含む"Start"，アタックの終了を含む"Stop"，およびブロック長に比べ短いアタックが連続して存在している"Short"の 4 種類に分類し，周波数分析を行う際の窓関数を動的に切り替えて

[†] MP3 フォーマットと呼ばれている。

入力された音響信号は，心理音響モデルとは別に，512サンプルごとにハイブリッドフィルタバンクを利用して32チャネルのサブバンドに分解される。ダウンサンプルされた18サンプルの信号に，直前の18サンプルを合わせ合計36サンプルからなる信号を処理対象のブロックとする。周波数分析では，このブロックに窓関数処理を施したあとに，MDCTを行うことにより周波数スペクトルを得ることになる。この窓関数処理にさいして，先の心理音響エントロピーを指標として状態を四つに区別し，状態ごとに図3.14に示すように異なった窓関数の形状を用いる。

図（a）は状態"Normal"の場合に用いられる一般のハニング窓であり，図（b）は状態"Start"および"Stop"における窓関数の形状を示している。

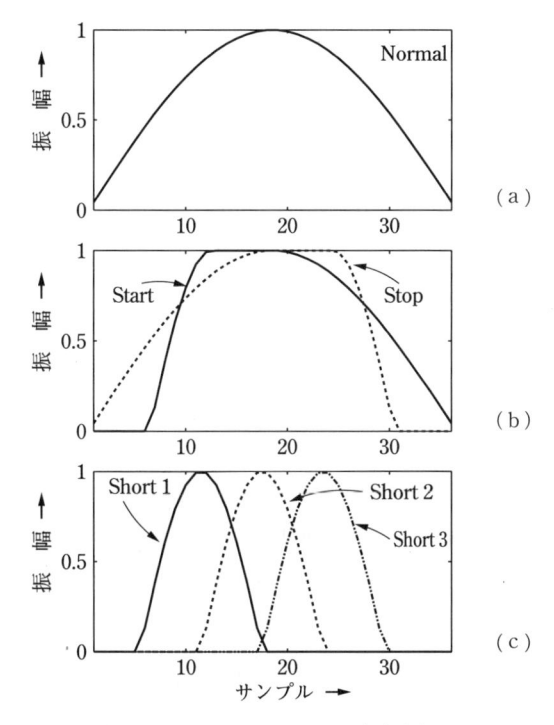

図3.14 レイヤIIIにおける適応窓処理

例えば，"Start"の場合，ブロックの前半のレベルは抑えている。このような処置により，復号化する場合に当該ブロックの状態に関する情報を用いてプリエコーを抑制することができる。さらに短いアタックが連続する場合，図（c）のようにブロックの中央部を3分割し，おのおのに関する情報を符号化することにより，アタック前後に生じるプリエコーを抑制している。

レイヤIIIでは，上記のように過渡的音響信号に対する対策をはじめ，フィルタバンクやビットストリーム構成の効率化などにより，レイヤIおよびレイヤII以上の圧縮を行ったさいも，高い音質を保っている。

3.4.4 MPEG 2/Audio の概要

MPEG 2の規格は，1998年4月にISO/IEC 13818として公開され，Part 1：System以下10のパートからなる。そのうち，Part 3：Audio[20]およびPart 7：Advanced Audio Coding（AAC）[21]の2パートが音響信号の符号化に関する規格である。このPart 3とPart 7は，大きく性格が異なり，Part 3は主としてMPEG 1/Audioを低サンプリング周波数およびマルチチャネルへと拡張したもので，MPEG 1/Audioとの互換性を意識したものとなっている。一方，Part 7で規定されてるAACは，MPEG 1/Audioとの互換性をもたない符号化方式であり，320 kbpsの伝送容量で5チャネルの伝送を行うことを一つの目標として規定されている。

MPEG 1/Audioで伝送できるチャネル数として，最大2チャネル，そのモードとしてはモノラル，ステレオ，ジョイントステレオ，および独立した2系統のモノラルしか利用できなかったものを，Part 3においてはマルチチャネルの符号化を実現している。まず，MPEG 1/Audioの拡張として，16 kHz，22.05 kHz，24 kHzと，従来の半分のサンプリング周波数の音響信号の符号化について規定している。これらのサンプリング周波数で利用可能な周波数帯域は，おのおの7.5 kHz，10.3 kHz，11.25 kHzとなり，いわゆるHi-Fiオーディオとは一線を画すものではあるが，映像メディアと融合したサラウンドや，多言語放送などその応用分野は決して狭くない。

3.4 MPEG/Audio

　Part 3では，このようにサンプリング周波数を低下させ帯域を制限することにより，いわゆる5.1チャネルステレオの伝送を実現している。この5.1チャネルステレオとは，前方ステレオチャネル（L, R），前方中央チャネル（C），後方のサラウンドステレオチャネル（LS, RS）のフルバンド5チャネルに加え，LFE（low frequency enhancement）チャネルと呼ばれる低周波数サラウンド信号から構成されるステレオ再生方式である。なお，LFEのサンプリング周波数はフルバンドのそれの1/96と規定されており，その一般的な周波数帯域は15～120 Hzとなる。またPart 3の規格においては，このLFEチャネルはオプションである。

　このようにPart 3では5.1ステレオの符号化が中心となっているが，従来のステレオシステムとの互換性も考慮されており，再生系における5.1チャネルステレオから2チャネルステレオへの変換についても，位相情報を利用したサラウンド機能の有無など使用状況などにより4種類の方法を規定している。

　これに対してPart 7で規定されているMPEG 2/AACは，MPEG 1/Audioとは異なった方法で符号化/復号化している。AACにおいて利用可能なサンプリング周波数としては，MPEG 1やMPEG 2 Part 3で規定されているものに加え，8 kHz，64 kHz，88.2 kHz，96 kHzと低周波数のみならず，いわゆるハイサンプリングも規定している。また，チャネル数に関しては，処理系の三つの分類にも依存するが，最大で7チャネルのフルバンドと1チャネルLFEが伝送できるようになっている。

　処理系には，Main Profile/Low Complexty Profile/Scaleable Sampling Rate Profile（SSR）の3分類があるが，前二つは基本的な処理系であり，最後のSSR処理系はサンプリング周波数を復号化器において変換できるように考慮されたものである。

　AAC符号化器および復号化器の基本ブロック図はおのおの図3.15，図3.16と表される。符号化器においてはすべての機能を実現する必要があるが，復号化器ではすべての機能を実現する必要はなく，M/S・予測器など一部機能は実装しなくてもよい。

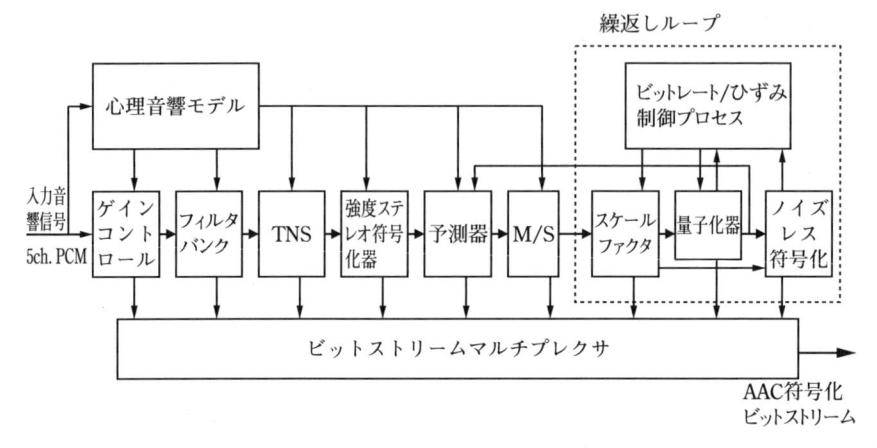

100   3．聴覚の特性と高能率符号化

図3.15 MPEG 2/AAC の符号化器のブロック図

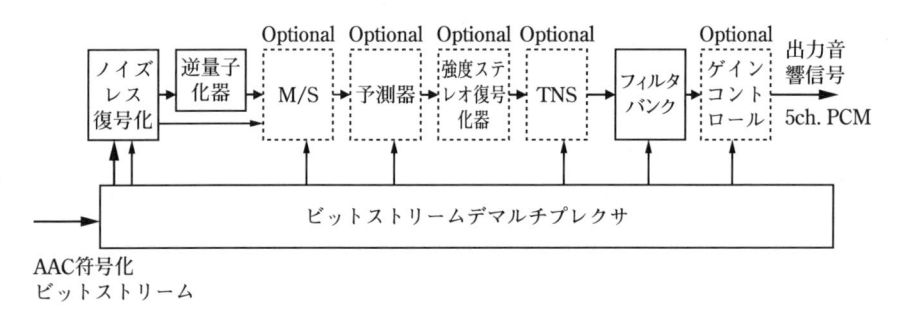

図3.16 MPEG 2/AAC の復号化器のブロック図

　まず，復号化器での手順をおって，その動きを以下に概説する。復号化器が受け取ったAACビットストリームは，まずデマルチプレクサにより分解され，各機能ツールに分配される。ノイズレス復号化ツールによりハフマン符号化されたデータを復号し，量子化された信号スペクトルおよびDPCM符号化された倍率情報を再構成する。逆量子化ツールで量子化された信号スペクトルを，倍率情報から直線量子化されたスペクトルに変換したあと，M/Sツールでmid/side（中央側方）の組として符号化されたスペクトルペアから，left/right（左右）に対応したスペクトルを再合成する。

　予測器は，符号化のさいに2次後方適応予測器により冗長性をもつと判断さ

れた情報を,ビットストリーム中の予測器の状態情報をもとに再現する.強度ステレオ復号化ツールでは,強度ステレオとして符号化されたスペクトル情報の分離再構成を行う.TNS (temporal noise shaping) ツールは,符号化のさいに信号スペクトルの時間エンベロープを平らにすることにより符号化に伴う雑音を抑制しているが,伝送された情報をもとに変換された時間エンベロープを再現する.

フィルタバンクにおいて,再現された各サブバンドの信号スペクトルをまとめ,逆 MDCT により音響信号に変換する.逆 MDCT により再現された音響信号は,SSR profile の場合ゲインコントロールツールにおいて時間領域信号を四つのサブバンドに分解し,おのおのに対して独立に振幅を制御する.

一方,符号化器においては,おおむね復号化器の逆の動作を行うことになる.MPEG 1/Audio 同様,入力音響信号は心理物理モデルにおいて信号成分によるマスキング可能な雑音レベルの上限などを求める.このとき,過渡的信号に対する符号化を適正に行うため,分析区間を Long (1 024 サンプル) と Short (128 サンプル) と 2 種類に切り替える.またフィルタバンクでの MDCT にさいしては,MPEG 1 レイヤ III における動的な窓関数切替えを発展させた形での制御を行っている.さらに,量子化にさいしては,ビットレート/ひずみ制御プロセスによる繰返し制御により,規定のビットレート内に量子化信号が収まる範囲で,スペクトル成分ごとのスケールファクタを調整することにより量子化雑音をマスキング閾値以下に追い込んでいる.

3.4.5 MPEG 4/Audio の概要

MPEG 1 や MPEG 2 が映像音響機器への応用を主目的とし,放送や記録メディアなど静的な状況での利用を意識して規格化されたのに対して,MPEG 4[22)]はコンピュータとインターネットなどの通信を念頭におき,双方向通信などインタラクティブな環境が想定されている.MPEG 4/Audio の符号化効率はおおむね MPEG 1/Audio の約 2 倍程度,基本的には MPEG 2/AAC を拡張したものとなる模様である.

102　3. 聴覚の特性と高能率符号化

　MPEG 4 では，ある空間における音環境を符号化する際に，音源ごとに符号化することになる[†]。そのさい，音源からの信号を直接符号化するのみならず，ある仮想的な音源の生成や，音を合成することも可能になる。

　符号化に関しては，最低のビットレートでは音声は 8 kHz サンプリングで 2～4 kbps，一般の音源では 8 kHz ないし 16 kHz サンプリングで 4～16 kbps となる。音声については，ビットレートが 4～24 kbps の範囲においては CELP (code excited linear predictive) 符号化が使用され，2～16 kbps の範囲では TwinVQ (twin vector quantization) および AAC が使用される。一方，合成に関しては，文字情報をもとに音声を生成することや，音楽についても楽譜などの情報から楽音を生成することも想定されている。

3.5　MD と DCC における高能率符号化

　聴覚特性を利用したサブバンド符号化を用いた第一世代の製品としては，光学磁気記録ディスクを利用した MD システムと，磁気テープを用いた DCC システムがある。これら二つのシステムは，いずれも従来からのアナログ録音再

表 3.6　MD および DCC における符号化に関するおもな仕様

	MD	DCC
量子化ビット数 〔bit〕	16	20
符号化方式	ATRAC	PASC
CD に対する圧縮比	1/5	1/4
サンプリング周波数 〔kHz〕 　アナログ録音 　ディジタル録音 　再生	 44.1 44.1 44.1	 44.1 48/44.1/38 48/44.1/38
帯域分割数	3	32
フレーム周期 〔ms〕	11.6	8/8.7/12
フレームビット長 〔bit〕	3 392	3 072/3 328/4 608
チャネル数	2	2
記録容量 〔Mbyte〕	140～160	175 (60 min. Tape)

　[†]　独立に符号化される音源は，それぞれをオブジェクトと呼ぶ。

3.5 MD と DCC における高能率符号化

生装置のもつ手軽さと，16 bit PCM を用いたディジタル録音再生装置のもつ高音質を両立するものとして製品化されている．MD および DCC の符号化に関連するおもな仕様を，表 3.6 に示す．

3.5.1 MD における符号化の概要

MD の符号化方式は，ATRAC (adaptive transform acoustic coding) と呼ばれる．この ATRAC の符号化方式は，MD 発表以降改良が進められており，最初の ATRAC をジェネレーション 1，以降ジェネレーション 2，3，3.5，4，4.5 と進んできている．ここでは，最も基本的な ATRAC ジェネレーション 1 についてその概要を述べる．

ATRAC の基本構成は，図 3.17 に示すように QMF (quadrature mirror filter) による帯域分割と MDCT を組み合わせたハイブリッド・フィルタバンクを用いて実現されている．ATRAC では，まず 44.1 kHz サンプリングの PCM 信号を，2 段の QMF により 0〜5.5 kHz，5.5〜11 kHz，11〜22 kHz の三つの帯域に分割するとともに，それぞれ 1/4，1/4，1/2 のサンプリングレートに間引きを行う．この QMF は 1 段の処理で帯域を 2 分割でき，しかもこの二つの帯域の信号をある条件のもとで統合した場合，間引きにより生じた折り返し雑音を完全に相殺できるという特徴をもっている．つぎにこれら三つの帯域の信号を，MDCT によりスペクトル情報に変換する．

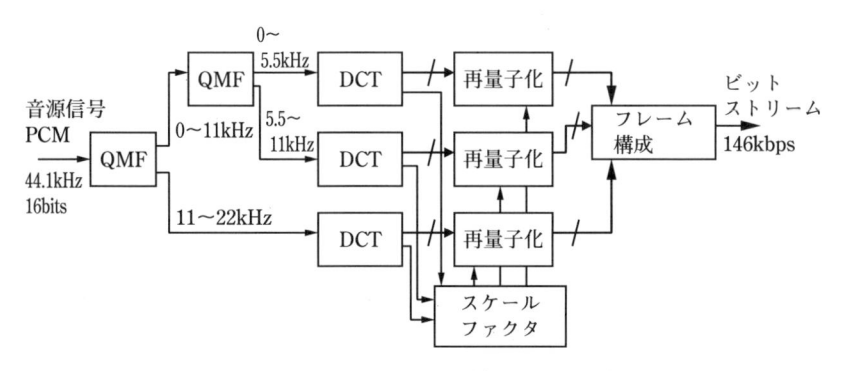

図 3.17 MD (ATRAC) における符号化処理のブロック図

このとき，符号化の処理単位であるフレーム長は，512サンプル（11.6 ms）に固定されているが，MDCTにより変換する単位であるブロック長は，MPEG 1/AudioレイヤⅠ，Ⅱとは異なり符号化する信号の性質に基づき帯域ごとに長短2段階に可変となっている．定常な信号を符号化する場合には，ブロック長を長くすることにより特定周波数にスペクトル成分が集中し，符号化効率がよくなる．しかし，図3.18に示すようにブロック内に過渡的な信号成分を含む場合，大振幅部分をもとにマスキング量が算出されるため，小振幅部分におけるマスキングが過大評価され，量子化雑音が知覚される現象（プリエコー現象）が生じる．

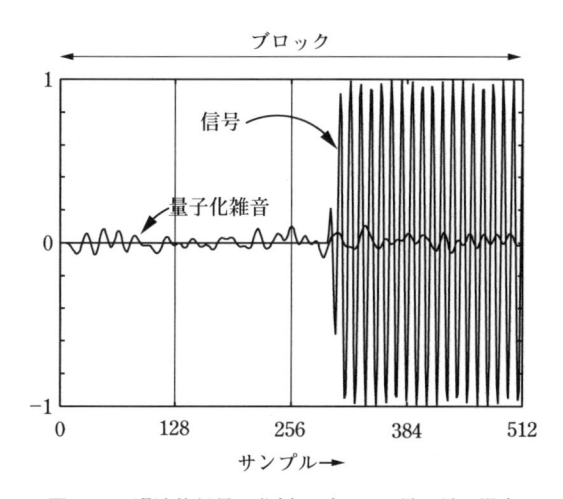

図3.18　過渡的信号の分析：ブロック長が長い場合

このプリエコーを回避するため，過渡的な信号を符号化する場合には図3.19のようにブロック長を短くし，経時マスキングを有効に用いることにより量子化雑音の影響を少なくすることができる．具体的には，長いブロックはフレームと同じ512サンプル（11.6 ms）からなり，短いブロックはフレームを4分割した128サンプル（2.9 ms）からなっており，このブロック長の選択は三つの帯域で独立に指定することが可能となっている．なお，MDCTにより得られるスペクトル情報の周波数分解能もブロック長に依存し，1フレーム

3.5 MDとDCCにおける高能率符号化

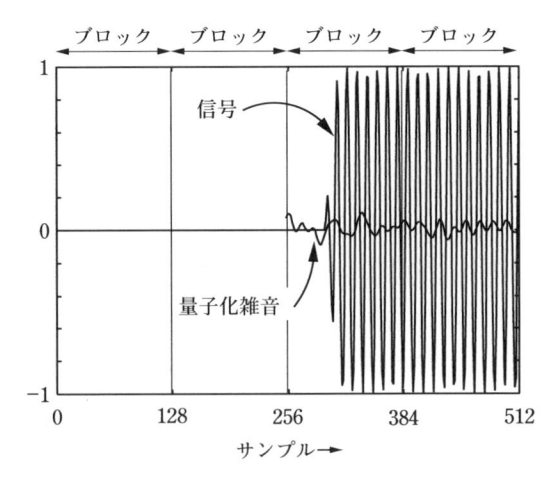

図 3.19 過渡的信号の分析：ブロック長が短い場合

を1ブロックとした場合は約43 Hz，4ブロックに分割した場合には約172 Hzとなる。

このような処理により得られたスペクトル情報をもとに，心理音響モデルを用いてビット配分ならびに再量子化を行う。ここでビット配分にさいして，時間・周波数の2次元空間をグループ化の処理単位とし，この範囲でのスペクトル局在性を考慮している。この処理により，高調波成分の優勢な信号を入力した場合も，パワーをもつスペクトル成分にビット配分が多くなり十分な音質が保たれることとなる。

MDは発売後約10年経過し，その操作性や小形軽量化により，ポータブル音響機器として確実に普及してきた。また，発売当初より継続して符号化アルゴリズムが改良されており，ATRACジェネレーション3.5では，CDやDATの音質と同等であるとの評価もある。各ジェネレーションにおける符号化処理は異なるが，データフォーマットに関しては共通しており，再生時にはジェネレーションの差異による不都合は生じない。一方，より高い圧縮率を求め，ATRACの次世代アルゴリズムとしてATRAC2が1996年に発表されている。

このATRAC2では，CDフォーマットの音響信号を，チャネル当り36～73

kbps と 1/20〜1/10 に圧縮する．ATRAC 2 の符号化は，MPEG 1/Audio でも用いられているポリフェイズフィルタバンクにより，等しい帯域幅をもつ四つのサブバンドに分解したあと，固定長の MDCT によりスペクトル情報に変換する．プリエコーに対しては，ブロック長を可変する方式ではなく，窓関数により振幅特性を制御する方法が採用されている．

また，記録媒体としての MD は，音響信号の記録のみならず，コンピュータ用データの記録機器として利用されている．記録媒体として MD は，その記録再生方式が基本的に MO (magneto-optical) ディスクと同様である．さらに，1枚当り 140 Mbyte 程度の記憶容量を，1 Gbyte に拡張した Hi-MD 規格が 2004 年に発表されている．MD に関する情報は，各メーカからも積極的に提供されているが，The MiniDisc Community Page[23]に種々の情報が収集されている．

3.5.2　DCC における符号化の概要

DCC の符号化方式は PASC (precision adaptive sub-band cording) と呼ばれ，これは MPEG 1/Audio の符号化方式の一つとして提案された MUSICAM 方式の流れをくむ符号化方式であり，符号化の方式としては MPEG 1/Audio のレイヤ I に相当する．

PASC による符号化処理は，図 3.20 に示すようなブロック図として表される．図中のビット数は，標本化周波数が 48 kHz の場合の値である．符号化は，一定時間のフレームを単位として行われ，48 kHz で標本化した場合フレ

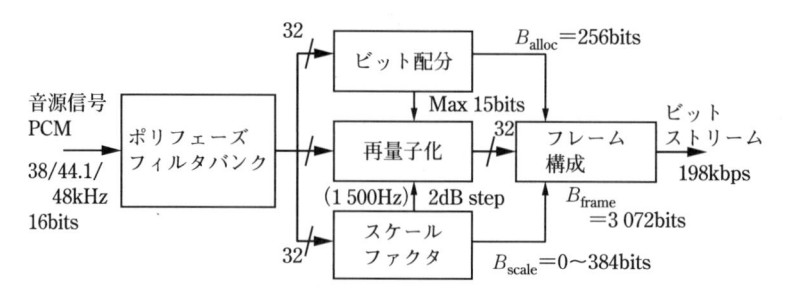

図 3.20　DCC (PASC) における符号化処理のブロック図

ーム長は 8 ms となる．符号化される PCM ディジタル音響信号は，ポリフェズフィルタにより左右独立におのおの 750 Hz の帯域幅をもつ 32 個のサブバンドに分解され，情報を保存するのに必要な標本化周波数 1 500 Hz までダウンサンプリングされる．すなわち，12 サンプルが 1 フレームとなる．

各サブバンドごとに振幅の正規化を行うためのスケーリングファクタを求めるとともに，マスキング閾値を求めることにより各サブバンドでの量子化ビット数（0〜15 bit）を配分する．配分にさいして，各サブバンドごとにマスキング閾値を求め，これを超える信号レベルを量子化するのに必要なビット数を割り当てる．しかしながら，フレームに対して許容されるフレームビット長 B_{frame} が有限（48 kHz で標本化した場合は 3 072 bit）であるため，量子化のために配分されるビット数の総計 B_{sample} の上限が決まっており，配分にさいして調整が必要となる場合がある．この B_{sample} は，つぎの式の関係により与えられる．

$$B_{\text{sync}} + B_{\text{alloc}} + B_{\text{scale}} + B_{\text{sample}} = B_{\text{frame}} = 一定 \tag{3.5}$$

ここで，B_{sync} はフレームごとの同期および符号化モードなどの制御情報で，32 bit 固定である．B_{alloc} はサブバンドごとのビット数に関する情報であり，サブバンド当り 4 bit，合計 256 bit で表現される．一方，スケーリングファクタに関する情報 B_{scale} は，各チャネル当り 6 bit（2 dB で 64 ステップ）であるが，完全にマスクされたサブバンドについては符号化する必要がないため，0〜384 bit までの可変量となる．このため，全サブバンドでの量子化のために配分されるビット数の合計 B_{sample} は，48 kHz で標本化した場合，2 400〜2 784 bit となる．すなわち，各サブバンド当り 3 bit 強が配分される．

DCC は，従来のコンパクトカセットとの互換性をもつなどの特色をもっているが，記録内容のランダムアクセスや編集などの面で，MD に劣っているため現在は流通していない．

引用・参考文献

1) MPEG/audio subjective assessments test report, ISO/IEC JTCI/SC2/WG11, MPEG 90/196 (1990)
2) Johnston, J. D. : Transform coding of audio signals using perceptual noise criteria, IEEE J. SAC, **6**, 2, pp. 314-323 (1988)
3) Theile, G., Stoll, G. and Link, M. : Low bit-rate coding of high-quality audio signals—An introduction to the MASCAM system, EBU Rev., No. 230, pp. 158-181 (1988)
4) 山﨑芳男:高能率符号化の動向, 音響学会誌, **47**, 12, pp.955-961 (1991)
5) 山﨑芳男, 金子 格:オーディオ圧縮データ, テレビ会誌, **49**, 4, pp.422-430 (1995)
6) 及川靖広, 大内康裕, 山﨑芳男:一般化調和解析を用いた音響信号の高能率符号化, JAS JOURNAL, **40**, 1, pp. 49-54 (2000)
7) 山﨑芳男, 伊藤 毅:広帯域音響信号の PCM 伝送, テレビジョン学会録音録画研資 (1974)
8) Jayant, N. S. : Adaptive delta modulation with one-bit memory, Bell Syst. Tech. J., **49**, pp. 321-342 (1970)
9) ISO 226 : 1987(E), Acoustics—Normal equal-loudness contours (1987)
10) Robinson, R.D. W. and Dadson, R. S. : A re-determination of the equal-loudness relations for pure tones, British J. Applied Physics, **7**, pp.166-181 (1956)
11) Zwicker, E. and Fastl, H. : Psychoacoustics, Springer-Verlag (1990)
12) Moore, B. C. : Introduction to Psychology of Hearing, Academic Press, London (1982)
13) Elliot, L. L. : Backward masking : Monotonic and dichotic conditions, J. Acoust. Soc. Am., **34**, 8, pp. 1108-1114 (1962)
14) Schafer, T. H. et. al. : The frequency selectivity of the ear as determined by masking experiments, J. Acoust. Soc. Am., **22**, p. 490 (1950)
15) Zwicker, E. : Subdivision of the audible frequency range into critical band (Frequenczgrouppen), J. Acoust. Soc. Am., **33**, p. 248 (1961)
16) Zwicker, E. and Terhardt, E. : Analytical expressions for critical bandwidth as a function of frequency, J. Acoust. Soc. Am., **68**, pp. 1523-1525 (1980)
17) Nagata, S., Usagawa, T., Ebata, M. et. al. : Analysis of masking data applicable to subband coding, J. Acoust. Soc. Jpn. (E), **15**, pp. 189-190 (1994)
18) ISO/IEC 11172-3 Information techonolgy—Coding of moving pictures and associated audio for digital storage media at up to about, 1.5 Mbit/s—Part 3 :

Audio (1993)
19) 杉山昭彦：音響信号の高能率符号化,テレビ会誌, **48,** 4, pp.447-454（1994）
20) ISO/IEC 13818-3 Information techonolgy—Generic coding of moving pictures and associated audio information—Part 3：Audio (1998)
21) ISO/IEC 13818-3 Information techonolgy—Generic coding of moving pictures and associated audio information—Part 7：Advanced Audio Coding (AAC) (1998)
22) MPEG 4 さらに MPEG 7 に関する最新情報は,下記の MPEG HOME PAGE から得られる。
    "http://www.chiariglione.org/mpeg/"
    （この HOME PAGE には,MPEG 1/レイヤⅢの符号化用ソフトウェアのソースコードなどが公開されている FTP サイトへのリンクなども用意されている。)
23) HOME PAGE "http://www.minidisc.org"

4 室内音響と伝達関数

　本章では室内音場・波動現象の基礎について概説する。室内音響論の応用には，音響エコーキャンセラ，音場レンダリングなどコンピュータと情報ネットワークを介在する通信技術が密接に関連する。本章では音場制御生成において有用であると思われる室内音場現象の基礎知識を記述する。

4.1　平面波の重畳

4.1.1　平　面　波

　空気中を伝わる音波の単純な形は平面波（あるいは平面進行波）と呼ばれる。空気中の音波は空気の密度の局所的な変化によって生じる微小な圧力変動が伝わる波である。音波が到来して生じる空気の圧力変動を音圧と呼び，単位は Pa $[= N/m^2]$ で表す。平面波は波面が進行方向に垂直な平面となっている波である。角周波数 ω [rad/s] で正弦振動をする平面波による音圧変動は波の進行方向座標を x [m] とすれば

$$p(t,\ x) \equiv \cos\omega\left(t - \frac{x}{c}\right) = \cos(\omega t - kx) \quad [Pa] \tag{4.1}$$

と表すことができる。ここで

$$k \equiv \frac{\omega}{c} = \frac{2\pi}{\lambda} \quad [rad/m] \tag{4.2}$$

を波定数（または波長定数）[rad/m]，λ を波長 [m] と呼ぶ。また kx は波が x [m] 進んだ結果生じる位相変化を表す。

4.1.2 平均2乗音圧の大きさ

室内音場は音源から受聴点に達する直接音に壁面からの多数の反射音が重畳して形成される。多数の反射音の不規則な重畳によって生じる音場は，伝搬経路の異なる N 個の反射音の重畳と考えることができる。音圧を振幅が等しく位相の異なる平面波の重畳として

$$p(t) \equiv p_0 \sum_{i=1}^{N} \cos(\omega t - \alpha_i) \quad \text{[Pa]} \tag{4.3}$$

と表してみよう。ここで ω は音波の角周波数〔rad/s〕，α_i は i 番目の平面波の位相〔rad〕を表し，0 から 2π まで一様に分布する不規則変数であると考える。上記の音圧から音圧波形の1周期 T〔s〕にわたる音圧の2乗値の時間平均値を求めると

$$\frac{1}{T}\int_0^T p^2(t)dt \equiv \overline{p^2(t)} = \frac{1}{2}p_0^2(A^2 + B^2) \quad \text{[Pa}^2\text{]} \tag{4.4}$$

と表される。これを平均2乗音圧と呼ぶ。ただし

$$A \equiv \sum_{i=1}^{N} \cos \alpha_i \quad \text{ならびに} \quad B \equiv \sum_{i=1}^{N} \sin \alpha_i \tag{4.5}$$

である。

4.1.3 平均2乗音圧の期待値

たがいに独立で十分大きな N 個の不規則位相平面波が重畳した音場で観測される平均2乗音圧の期待値を考えよう。期待値はつぎの二つの確率変数

$$A \equiv \sum_{i=1}^{N} \cos \alpha_i \tag{4.6}$$

$$B \equiv \sum_{i=1}^{N} \sin \alpha_i \tag{4.7}$$

の2乗期待値の和として

$$E[\overline{p^2(t)}] = E\left[\frac{1}{2}p_0^2(A^2 + B^2)\right] = \frac{1}{2}p_0^2\{E[A^2] + E[B^2]\} \quad \text{[Pa}^2\text{]} \tag{4.8}$$

と表される。ここで確率変数 A，B はそれぞれ N 個の独立な確率変数の和で

ある。

独立な確率変数の和の2乗期待値はそれぞれの確率変数の2乗期待値の和である。したがって，確率変数 A の2乗期待値は

$$E[\cos^2 \alpha] = \frac{1}{2\pi}\int_0^{2\pi} \cos^2 \alpha\, d\alpha = \frac{1}{2} \tag{4.9}$$

から

$$E[A^2] = NE[\cos^2 \alpha] = \frac{1}{2}N \tag{4.10}$$

となる。同様に確率変数 B の2乗期待値も $N/2$ となる。したがって，平均2乗音圧の期待値は

$$E[\overline{p^2(t)}] = E\left[\frac{1}{2}p_0{}^2(A^2 + B^2)\right]$$

$$= \frac{1}{2}p_0{}^2\{E[A^2] + E[B^2]\} = \frac{1}{2}p_0{}^2 N \quad [\text{Pa}^2] \tag{4.11}$$

と表すことができる。

4.1.4　レイリー分布と指数分布

ガウス分布する二つのたがいに独立な確率変数の2乗和からなる確率変数を考えよう。二つの独立なガウス変数を X と Y として，それらの確率密度関数をそれぞれ

$$p(x) \equiv \frac{1}{\sqrt{2\pi\sigma^2}} \exp\left(-\frac{x^2}{2\sigma^2}\right) \tag{4.12}$$

$$p(y) \equiv \frac{1}{\sqrt{2\pi\sigma^2}} \exp\left(-\frac{y^2}{2\sigma^2}\right) \tag{4.13}$$

で表そう。2乗和確率変数の正の平方根

$$Z \equiv \sqrt{X^2 + Y^2} \tag{4.14}$$

で表される確率変数 Z の確率密度関数を求めよう。変数変換 $X \equiv Z\cos\theta$, $Y \equiv Z\sin\theta$ を施すと，2変数の同時確率は

$$p(x, y)dxdy = p(z\cos\theta,\ z\sin\theta)z dz d\theta$$

$$= \frac{1}{2\pi\sigma^2}\exp\left(-\frac{z^2}{2\sigma^2}\right)zdzd\theta \tag{4.15}$$

と表される.したがって,確率密度関数 $p(z)$ は

$$p(z)dz = \frac{1}{2\pi\sigma^2}\int_0^{2\pi}\exp\left(-\frac{z^2}{2\sigma^2}\right)zdzd\theta = \frac{z}{\sigma^2}\exp\left(-\frac{z^2}{2\sigma^2}\right)dz \tag{4.16}$$

すなわち

$$p(z) = \frac{z}{\sigma^2}\exp\left(-\frac{z^2}{2\sigma^2}\right) \tag{4.17}$$

で与えられる.この確率密度関数をレイリー分布と呼ぶ.

つぎに,2乗和確率変数の確率密度を考えよう.2乗和確率変数を

$$Z^2 = X^2 + Y^2 \equiv W \quad \text{あるいは} \quad Z \equiv \sqrt{X^2+Y^2} \equiv \sqrt{W} \tag{4.18}$$

と表そう.確率密度は

$$p(w)dw = \frac{\sqrt{w}}{\sigma^2}\exp\left(-\frac{w}{2\sigma^2}\right)\frac{dw}{2\sqrt{w}} = \frac{1}{2\sigma^2}\exp\left(-\frac{w}{2\sigma^2}\right)dw \tag{4.19}$$

すなわち

$$p(w) = \frac{1}{2\sigma^2}\exp\left(-\frac{w}{2\sigma^2}\right) \tag{4.20}$$

で与えられる.これを指数分布と呼ぶ.

4.1.5 平均2乗音圧の確率分布と分散

上記のようにガウス分布する二つのたがいに独立な確率変数の2乗和からなる確率変数は指数分布に従う.4.1.2項で定義した平均2乗音圧

$$\frac{1}{T}\int_0^T p^2(t)dt \equiv \overline{p^2(t)} = \frac{1}{2}p_0^2(A^2+B^2) \quad [\text{Pa}^2] \tag{4.21}$$

を正規化して改めて確率変数として

$$\frac{\overline{p^2(t)}}{\frac{1}{2}p_0^2} = A^2 + B^2 \equiv W \tag{4.22}$$

と表そう.それぞれ N 個の独立な確率変数の和で表される二つの確率変数

$$A \equiv \sum_{i=1}^N \cos\alpha_i \quad \text{と} \quad B \equiv \sum_{i=1}^N \sin\alpha_i \tag{4.23}$$

を中央極限定理によって二つのたがいに独立なガウス分布に従う確率変数とみなせば，正規化平均2乗音圧を表す確率変数 W の確率密度は

$$p(w) = \frac{1}{N}\exp\left(\frac{-w}{N}\right) \tag{4.24}$$

なる指数分布に従う．

多数の反射音が存在する残響室内でも室内の1点を観測して得られる平均2乗音圧の標本値は指数分布となって，平均2乗音圧の大きさは室内均一ではない．

室内音場をたがいに独立な N 個の不規則位相平面波が重畳した音場と表すとき，室内のある1点で観測される平均2乗音圧の期待値は平均2乗音圧の室内平均値に等しいと考えることができる．

平均2乗音圧観測値の期待値と分散を求めてみよう．平均2乗音圧の期待値は，指数分布する確率密度分布を用いて

$$E[W] = \int_0^\infty w p_r(w) dw = N\int_0^\infty z \exp(-z) dz = N \tag{4.25}$$

で与えられる．ただし，改めて

$$z \equiv \frac{w}{N} \tag{4.26}$$

と定義する．同様に平均2乗音圧の分散は

$$\mathrm{Var}[W] = E[W^2] - \{E[W]\}^2$$
$$= \frac{1}{N}\int w^2 \exp\left(\frac{-w}{N}\right) dw - N^2 = N^2 \tag{4.27}$$

となる．相対誤差を表す正規化標準偏差を求めると

$$\Sigma \equiv \frac{\sigma}{E[W]} \equiv \frac{\sqrt{\mathrm{Var}[W]}}{E[W]} = \frac{\sqrt{N^2}}{N} = 1 \tag{4.28}$$

となり，残響室内といえども室内の1点における平均2乗音圧の観測値をもって正弦波信号の平均2乗音圧の期待値（すなわち，平均2乗音圧の室内平均値）の推定値とするならば，推定誤差100％を覚悟しなければならないことを表している．

4.2 壁面効果と音場の2点間相関

4.2.1 壁面による音圧上昇

無限に大きな広がりをもつ固い壁（剛壁）に平面波が入射する音場を考えよう。壁面の反射係数を1とすれば，剛壁から同じ音圧振幅と周波数と位相角をもつ反射波が，入射波に対して法線を中心として対称となる方向に伝搬する。入射波と反射波が重畳した音場の音圧はおのおのの振幅を1，x軸方向の波長定数成分を k_x とすれば

$$\overline{p^2}(t,\ x) = 1 + \cos(2k_x x) \tag{4.29}$$

と表される。ここで，x は壁面と観測点の距離を表す。壁面に入射する平面波の入射角が不規則に変化して，波定数の x 方向成分 k_x [1/m] が 0 から平面波の角周波数 ω に対する波定数 k まで等確率で変化すると，上記の平均2乗音圧をあらためて確率変数 U とすれば期待値は

$$E[U] = \frac{1}{k}\int_0^k 1 + \cos(2k_x x) dk_x = 1 + \frac{\sin 2kx}{2kx} \tag{4.30}$$

となる。壁面付近では平均2乗音圧が壁面から離れたところに比べて2倍大きい。この壁面付近の音圧分布を音場のインタファレンスパターンと呼ぶことがある。

4.2.2 2点間音圧相関係数

室内音場における2点間音圧相関係数は，① 音場の広がり感の知覚，② 音圧観測標本値の独立性の目安，に関して重要である。2点間の音圧相関係数は2点で観測されるそれぞれの音圧信号をそれぞれ確率変数として $p_1(t)$, $p_2(t)$ とすると

$$r(t) \equiv \frac{E[p_1(t)p_2(t)]}{\sqrt{E[p_1^2(t)]} \cdot \sqrt{E[p_2^2(t)]}} \tag{4.31}$$

で定義される。期待値が観測時刻 t にかかわらず一定である（定常性を仮定）

とすれば，相関係数は観測時刻にかかわらず一定となる。2点間の距離を x [m]，音圧信号を角周波数 ω の正弦波，2点間の位相差を ϕ とすれば，無作為に観測した正弦波瞬時値の期待値は時間平均に置き換えることができるので，相関係数は

$$\overline{r(t)} = \frac{\overline{A \cos \omega t \cdot B \cos (\omega t - \phi)}}{\sqrt{\overline{(A \cos \omega t)^2} \cdot \overline{\{B \cos (\omega t - \phi)\}^2}}} = \cos \phi \quad (4.32)$$

と書くことができる。ただし，$\overline{\ast}$ は1周期にわたる時間平均を表す。また A，B はそれぞれ音圧信号の振幅である。

図 4.1 に示すように二つの受音点に入射角 θ で角周波数 ω の平面進行波が入射すると，相関係数は

$$\overline{r(t)} = \cos \phi = \cos(kx \cos \theta) = \cos\{k_x x\} \equiv R \quad (4.33)$$

と表される。音波の到来方向が不規則に変化して，波定数の x 方向成分 k_x が 0 から波定数 k まで等確率で変化すると，2点間音圧相関係数を表す確率変数 R の期待値は

$$\rho \equiv E[R] \equiv \frac{1}{k} \int_0^k \cos k_x x dk_x$$
$$= \frac{\sin kx}{kx} \quad (4.34)$$

で与えられる。この2点間相関係数の概略を図 4.2 に示す。

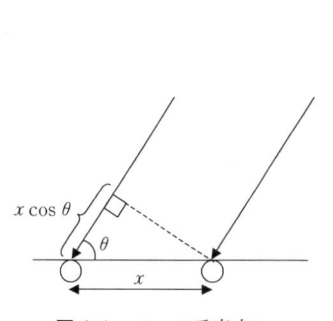

図 4.1 二つの受音点に入射する平面波

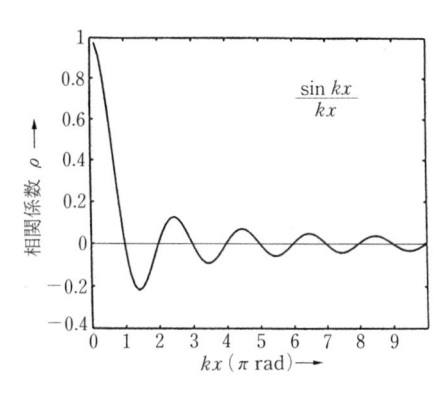

図 4.2 2点間音圧相関係数（x：2点間の距離，k：波定数）

4.2.3　2点間相関係数と音場のインパルス応答

音源信号を白色雑音とすれば，音源の立上がり，立下がりを含む過渡的な音場の2点間相関係数は，音源から受音点に至るインパルス応答から求めることができる。音源からそれぞれの受音点に至るインパルス応答を h_1，h_2 とする。$t = 0$ で印加された白色雑音音源信号 $n(t)$ に対する受音点1および2における観測信号をそれぞれ確率変数 $p_1(t)$，$p_2(t)$ と表すと

$$p_1(t) = \int_0^t n(t-\tau)h_1(\tau)d\tau \quad \text{および} \quad p_2(t) = \int_0^t n(t-\tau)h_2(\tau)d\tau \tag{4.35}$$

と表される。

4.2.2項で定義した2点間相関係数

$$r(t) \equiv \frac{E[p_1(t)p_2(t)]}{\sqrt{E[p_1{}^2(t)]} \cdot \sqrt{E[p_2{}^2(t)]}} \tag{4.36}$$

に観測信号 $p_1(t)$，$p_2(t)$ をそれぞれ（確率変数として）代入すれば

$$\begin{aligned}
E[p_1(t)p_2(t)] &= E\left[\int_0^t n(t-\tau_1)h_1(\tau_1)d\tau_1 \int_0^t n(t-\tau_2)h_2(\tau_2)d\tau_2\right] \\
&= \int_0^t h_1(\tau_1)d\tau_1 \int_0^t h_2(\tau_2)d\tau_2 E[n(t-\tau_1)n(t-\tau_2)] \\
&= \int_0^t h_1(\tau_1)d\tau_1 \int_0^t h_2(\tau_2)d\tau_2 \delta(\tau_2-\tau_1) \\
&= \int_0^t h_1(\tau_1)h_2(\tau_1)d\tau_1 \\
&\equiv \int_0^t h_1(\tau)h_2(\tau)d\tau
\end{aligned} \tag{4.37}$$

が導出される。ただし，音源信号 $n(t)$ を白色雑音を表す確率変数とし，その2乗期待値を1とする。同様に観測信号の2乗期待値

$$E[p_1(t)p_1(t)] = E\left[\int_0^t n(t-\tau_1)h_1(\tau_1)d\tau_1 \int_0^t n(t-\tau_2)h_1(\tau_2)d\tau_2\right] \tag{4.38 a}$$

$$= \int_0^t h_1{}^2(\tau_1)d\tau_1 \tag{4.38 b}$$

の正の平方根の積より，2点間相関係数は

$$r(t) = \frac{\int_0^t h_1(\tau)h_2(\tau)d\tau}{\sqrt{\int_0^t h_1{}^2(\tau)d\tau}\sqrt{\int_0^t h_2{}^2(\tau)d\tau}} \tag{4.39}$$

のようにインパルス応答から求めることができる。

上記の相関係数は音源が印加されてからの経過時間 t に伴って変化する。経過時間 t がインパルス応答継続時間を超えると上記の相関係数は経過時間 t にかかわらず一定となる。このとき音場は定常状態に達したという。同様に時刻 $t=0$ で白色雑音音源を停止した後の相関係数の変化を求めることができる。$t=0$ で停止された白色雑音音源信号 $n(t)$ に対する受音点1および2における観測信号をそれぞれ再び確率変数 $p_1(t)$, $p_2(t)$ と表すと,それらは

$$p_1(t) = \int_t^\infty n(t-\tau)h_1(\tau)d\tau \tag{4.40}$$

$$p_2(t) = \int_t^\infty n(t-\tau)h_2(\tau)d\tau \tag{4.41}$$

と表される。これらの観測信号を式(4.36)に代入すれば相関係数は

$$r(t) = \frac{\int_t^\infty h_1(\tau)h_2(\tau)d\tau}{\sqrt{\int_t^\infty h_1{}^2(\tau)d\tau}\sqrt{\int_t^\infty h_2{}^2(\tau)d\tau}} \tag{4.42}$$

のようにインパルス応答から求めることができる。この相関係数は音源が停止されてからの経過時間 t に伴って変化する。すなわち,残響状態における相関係数である。

4.3 点音源と球面波

4.3.1 球面波

自由空間を伝搬する波には平面波以外に球面波も存在する。音源位置からの距離を r [m] としたとき,音波による圧力変動(音圧)が

$$p(t, r) \equiv \frac{A}{r}e^{j\omega t - jkr} \quad [\text{Pa}] \tag{4.43}$$

と表される波動を球面波という。ここで，ω は角周波数 [rad/s]，k は波定数 [1/m]，A は音源の強さから定まる項である。球面波を放射する微小音源を点音源という。点音源の強さは点音源の呼吸振動によって単位時間当りに排除される空気の量，すなわち体積速度 Q [m³/s] で表す。強さ Q [m³/s]，半径 a [m] の振動音源（呼吸球と呼ぶ）が放射する球面波の音圧は

$$p(t, r) \equiv \frac{A}{r}e^{j\omega t - jkr} = j\omega\rho \frac{Qe^{jka}}{4\pi(1+jka)} \frac{e^{j\omega t - jkr}}{r} \quad [\text{Pa}] \quad (4.44)$$

と表される。ただし，ρ は空気の体積密度 [kg/m³] を表す。したがって，微小呼吸球の半径が無限小となる点音源から放射される球面波は

$$p(t, r) = j\omega\rho \frac{Q}{4\pi} \frac{e^{j\omega t - jkr}}{r} \quad [\text{Pa}] \quad (4.45)$$

と表される。

4.3.2 呼吸球の音響出力

音源が単位時間当りに放射するエネルギー [W≡J/s] を音源の音響出力という。音響出力は，音源を取り囲む閉曲面を貫いて流れる音のパワー（インテンシティ）から求められる。この閉曲面は任意にとることができる。そこで音源の表面上にその閉曲面をとることにしよう。呼吸球音源の表面上音圧 [Pa] は

$$p(r \equiv a) = j\omega\rho \frac{Qe^{jka}}{4\pi(1+jka)} \frac{e^{-jkr}}{r}\bigg|_{r\equiv a} e^{j\omega t}$$

$$= \frac{j\omega\rho}{4\pi a(1+jka)} Qe^{j\omega t} \quad [\text{Pa}] \quad (4.46)$$

となる。したがって，半径 a [m]，体積速度 Q [m³/s] の呼吸球の音響出力 P [W] は

$$P \equiv \frac{1}{2}\text{Re}\left[\int_S pv^* dS\right] = \frac{Q^2}{2} \frac{\rho c}{4\pi a^2} \frac{k^2 a^2}{1+k^2 a^2} \equiv \frac{Q^2}{2} R_A$$

$$\equiv 4\pi r^2 I(r) \quad [\text{W}] \quad (4.47)$$

と表すことができる。

音源表面上の音圧〔Pa〕と体積速度〔m³/s〕の比を音響放射インピーダンス Z_A〔Pa・s/m³〕という。R_A

$$R_A \equiv \frac{\rho c}{4\pi a^2} \frac{k^2 a^2}{1 + k^2 a^2} \quad \text{〔Pa・s/m}^3\text{〕} \tag{4.48}$$

は音響放射インピーダンスの実部である。また，$I(r)$

$$I(r) \equiv \frac{P}{4\pi r^2} \quad \text{〔W/m}^2\text{〕} \tag{4.49}$$

を音源から r〔m〕離れた点における音響パワー（インテンシティ）〔W/m²〕という。

上記の結果から体積速度 Q〔m³/s〕の点音源（$ka \to 0$）の音響出力 P_0 は

$$P_0 \equiv \frac{Q^2}{2} \frac{\rho c k^2}{4\pi} \equiv \frac{Q^2}{2} R_{A_0} \quad \text{〔W〕} \tag{4.50}$$

音響放射インピーダンスの実部は

$$R_{A_0} \equiv \frac{\rho c k^2}{4\pi} \quad \text{〔Pa・s/m}^3\text{〕} \tag{4.51}$$

と表すことができる。

4.3.3 鏡像と音響出力

図 4.3 に示すように，剛壁面に近接して設置された点音源による音場は，鏡像音源を用いて表現することができる。鏡像音源の強さと実際の音源（実音源と呼ぶ）の強さの比を壁面の反射係数ともいう。剛壁面は反射係数を 1 と近似することができる。剛壁面によって生じる鏡像音源は反射音を形成し，実音源

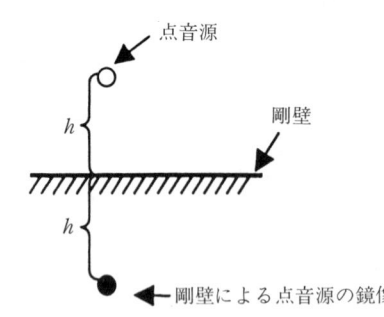

図 4.3 剛壁による鏡像音源

の体積速度が一定であっても音源表面上に発生する音圧を変化させる。その結果音響放射インピーダンスが変化して音響放射パワーも変化する。

図 4.3 に示したような剛壁面から h [m] 離れて設置された点音源の音響放射インピーダンス Z_{AR} [Pa·s/m³] は，空気の体積密度を ρ [kg/m³]，実音源の体積速度を Q [m³/s] とすれば，実音源表面上に生じる音圧

$$p(S) = Qe^{j\omega t}Z_{A_0} + \frac{j\omega\rho Q}{4\pi 2h}e^{j\omega t - 2jkh} \quad [\text{Pa}] \tag{4.52}$$

と実音源の体積速度との比をとることによって

$$Z_{AR} \equiv \frac{p(S)}{Qe^{j\omega t}} = Z_{A_0} + j\omega\rho\frac{e^{-2jkh}}{4\pi 2h} \quad [\text{Pa·s/m}^3] \tag{4.53}$$

と求められる。音響放射インピーダンスの実部は

$$R_{AR} = R_{A_0}\left[1 + \frac{\sin 2kh}{2kh}\right] \quad [\text{Pa·s/m}^3] \tag{4.54}$$

と表される。ここで

$$R_{A_0} \equiv \frac{\rho c k^2}{4\pi} \quad [\text{Pa·s/m}^3] \tag{4.55}$$

は，式 (4.51) で定義した剛壁のない自由空間における点音源の音響放射インピーダンスの実部である。

上記の結果から剛壁面に近接して設置された点音源の音響出力 [W] は

$$P \equiv \frac{Q^2}{2}R_{AR} = \frac{Q^2}{2} \cdot R_{A_0}\left[1 + \frac{\sin 2kh}{2kh}\right] \equiv P_0 \cdot \left[1 + \frac{\sin 2kh}{2kh}\right] \quad [\text{W}]$$
$$\tag{4.56}$$

で与えられる。ただし，式 (4.50) で定義したように剛壁のない自由空間における点音源の音響出力を

$$P_0 \equiv \frac{Q^2}{2}\frac{\rho c k^2}{4\pi} = \frac{Q^2}{2}R_{A_0} \quad [\text{W}] \tag{4.57}$$

と表す。両者の音響出力の比をとれば

$$\frac{P}{P_0} = 1 + \frac{\sin 2kh}{2kh} \tag{4.58}$$

と書くことができる。図 4.4 は上記の比を示したものである。剛壁近傍に音源

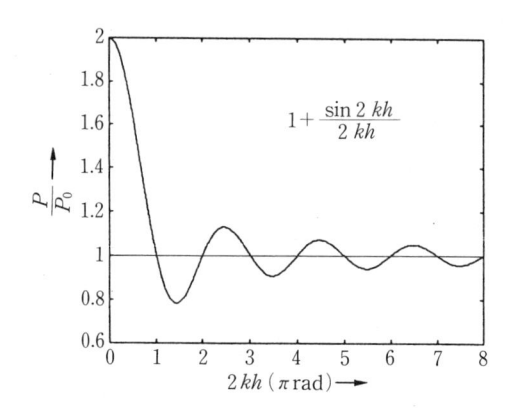

図 4.4 剛壁による音響出力の変化

グラフ内: $1 + \dfrac{\sin 2kh}{2kh}$、縦軸 $\dfrac{P}{P_0}$、横軸 $2kh\,(\pi\,\mathrm{rad})$

を設置すれば自由空間における音響出力より音源の音響出力が増大する。しかし，剛壁面との距離によっては自由空間における音響出力より音源の音響出力が小さくなることがある。

4.4 反射回数と残響時間[1)]

4.4.1 反射音の密度

容積 $V\,[\mathrm{m}^3]$ の室内の中央部で音源からインパルスが発せられた後，t 秒後までに音源位置に帰来する反射音の数は，図 4.5 に示した無数に存在する鏡像分布の例（2 次元音場の例）から推定されるように，室内の中心を原点とする

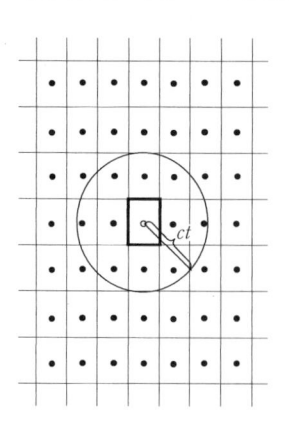

図 4.5 鏡像分布（一部）の例

4.4 反射回数と残響時間

半径 ct の球内にある鏡像音源の数によって

$$N(t) \cong \frac{4\pi(ct)^3}{3V} \tag{4.59}$$

のように推定できる。ここで c は音速〔m/s〕である。したがって，室内反射音の密度を

$$n(t) \equiv \frac{d}{dt}N(t) \cong \frac{4\pi c^3 t^2}{V} \tag{4.60}$$

のように表すことができる。反射音の密度は室容積に反比例し時間の2乗に比例して増大する。

4.4.2 壁面反射回数

3稜の長さが L_x, L_y, L_z〔m〕である直方体を例にとる。容積 V〔m³〕の室内の中央部で音源からインパルスが発せられた後，t 秒後までに壁面で音波が反射する回数 $R(t)$ を数えよう。**図 4.6** の座標 $(ct,\ \theta,\ \phi)$ に存在する鏡像音源から出る音波が x 軸に垂直な壁面（x 面）に衝突する回数 R_x は

$$R_x \cong \frac{ct \sin\phi \cos\theta}{L_x} \tag{4.61}$$

で求められる。同様に y 面に衝突する回数 R_y, z 面に衝突する回数 R_z は，それぞれ

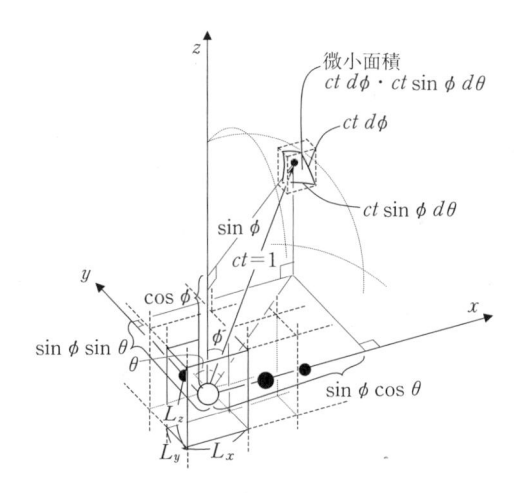

図 4.6 鏡像分布を表す座標系

$$R_y \cong \frac{ct \sin \phi \sin \theta}{L_y} \tag{4.62}$$

$$R_z \cong \frac{ct \cos \phi}{L_z} \tag{4.63}$$

となる。壁面反射回数 $R(t)$ は

$$R(t) = R_x(t) + R_y(t) + R_z(t) \tag{4.64}$$

のように表される。

4.4.3 壁面反射回数と平均自由行程

壁面反射回数は鏡像音源位置によって異なる。そこで，式 (4.64) で表した壁面反射回数 $R(t)$ を確率変数と考えてその期待値を求めてみよう。鏡像の存在確率密度関数を図 4.6 より

$$p(\theta, \phi) \cong \frac{\sin \phi d\phi d\theta}{\pi/2} \tag{4.65}$$

で表すことにすれば，壁面反射回数の期待値は

$$E[R(t)] = E[R_x + R_y + R_z]$$
$$= \frac{2}{\pi} \int_0^{\pi/2} d\theta \int_0^{\pi/2} (R_x + R_y + R_z) \sin \phi d\phi \tag{4.66}$$

より，室表面積 S [m²]，室容積 V [m³]，平均自由行程 m を導入して

$$E[R(t)] = \frac{ct}{2L_x} + \frac{ct}{2L_y} + \frac{ct}{2L_z}$$
$$= \frac{L_x L_y + L_y L_z + L_z L_x}{2 L_x L_y L_z} ct \equiv \frac{ct}{m}$$
$$\equiv K(t) \tag{4.67}$$

となる。ただし

$$E[R_x] = \frac{2}{\pi} \int_0^{\pi/2} d\theta \int_0^{\pi/2} R_x \sin \phi d\phi = \frac{ct}{2L_x} \tag{4.68 a}$$

$$m = \frac{4V}{S} \text{ [m]} \tag{4.68 b}$$

である。

4.4.4 残響時間

確率変数として表した壁面反射回数 $R(t)$ を用いれば単位時間当りに到来する反射音のインテンシティ $J(t)dt$ は，壁面の平均吸音率を α として

$$J(t)dt \equiv \frac{P(1-\alpha)^{R(t)}}{4\pi(ct)^2}n(t)dt \cong \frac{P(1-\alpha)^{R(t)}c}{V}dt \quad [\text{W/m}^2] \quad (4.69)$$

で表される．ただし，P は音源の音響出力〔W〕である．また $(1-\alpha)$ は，4.3.3項で述べた反射係数の2乗値を表す．ここで上記式（4.69）の対数をとって表したインテンシティの期待値をとることを想定して，$R(t)$ をその期待値で置き換えたものを改めて $\hat{J}(t)$

$$\hat{J}(t)dt \equiv \frac{P(1-\alpha)^{K(t)}}{4\pi(ct)^2}n(t)dt \quad [\text{W/m}^2] \quad (4.70)$$

と定義すれば

$$\hat{J}(t)dt = \frac{P(1-\alpha)^{(cSt)/(4V)}c}{V}dt$$

$$= \frac{Pc}{V}\exp\left(\frac{cS}{4V}[\ln(1-\alpha)]t\right)dt \quad [\text{W/m}^2] \quad (4.71)$$

を得る．したがって，インテンシティが 60 dB 減衰する時間（これを残響時間 T_R と呼ぶ）は

$$T_R \cong \frac{0.161V}{-\ln(1-\alpha)S} \quad [\text{s}] \quad (4.72)$$

で与えられる．ここで，$10\log\dfrac{\hat{J}(T_R)}{\hat{J}(0)} = -60$〔dB〕である．

4.5 定在波と固有周波数

4.5.1 定在波

たがいに同一方向を逆向きに進む進行波を重畳すると，ω を角周波数〔rad/s〕，k を波定数〔1/m〕，$\pm x$ を波の進行方向座標〔m〕として，

$$p(t, x) = \cos(\omega t + kx) + \cos(\omega t - kx) = 2\cos\omega t\cos kx \quad (4.73)$$

のように，空間に止まって見える波，定在波が形成される．定在波では

$$kx = \frac{2n-1}{2}\pi \quad [\text{rad}] \quad [n:\text{整数}] \tag{4.74}$$

となる地点では音圧が零(節)となる。同様に

$$kx = n\pi \tag{4.75}$$

となる地点では音圧の絶対値が極大(腹)となる。

対向する壁面の間では壁面を音圧の腹とする周波数の異なる定在波が無数に形成される。壁面間距離を L [m] とすると n 番目(n:正の整数)の定在波(第 n 次定在波)を

$$p_n(t, x) \equiv \cos \omega_n t \cos \frac{n\pi}{L}x \equiv p_n(x) \cos \omega_n t \tag{4.76}$$

のように定義することができる。ここで,n 次定在波の角周波数と波定数を

$$\omega_n \equiv ck_n = c\frac{n\pi}{L} \quad [\text{rad/s}] \tag{4.77}$$

と表すことにする。c は音速 [m/s] を表す。

4.5.2 固有周波数と固有関数

自由空間ではどの周波数においても,たがいに同一方向を逆向きに進行する平面波の組を作ることにより定在波を形成させることができる。壁面間距離が定まった対向剛壁間では定在波を形成できる周波数が限られる。定在波を形成する周波数をその空間の固有周波数という。対向壁間音場の n 番目の(n 次)固有周波数は

$$\frac{\omega_n}{2\pi} = \frac{ck_n}{2\pi} = c\frac{n}{2L} \quad [\text{Hz}] \tag{4.78}$$

で与えられる。このとき n 次定在波を表す音圧分布

$$p_n(x) \equiv \cos \frac{n\pi}{L}x = \cos k_n x \tag{4.79}$$

を n 次固有関数ともいう。固有関数は

$$\int_0^L p_n(x) \cdot p_m(x) dx = 0 \quad [n \neq m] \tag{4.80}$$

なる関係を満足する。これを固有関数はたがいに直交するという。

4.6 波動方程式と固有値

4.6.1 平面波の波動方程式

図 4.7 において，空気中の微小素片の体積密度を ρ [kg/m³]，振動変位を ζ [m]，体積素片の中心に作用する音圧を p [Pa] とすれば，運動方程式

$$\frac{\partial p}{\partial x} = \rho \frac{\partial^2 \zeta}{\partial t^2} \quad [\text{N/m}^3] \tag{4.81}$$

ならびに体積弾性率 K [Pa] と音圧 p [Pa] の関係式

$$p = -K\frac{\partial \zeta}{\partial x} \quad [\text{Pa}] \tag{4.82}$$

を組み合わせて

$$\frac{\partial^2 p}{\partial t^2} = \frac{K}{\rho}\frac{\partial^2 p}{\partial x^2} \equiv c^2\frac{\partial^2 p}{\partial x^2} \quad [\text{Pa/s}^2] \tag{4.83}$$

のように平面波の波動方程式が導出される。ただし，$c \equiv \sqrt{K/\rho}$ [m/s]。

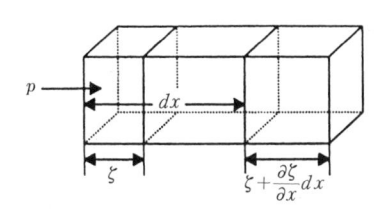

図 4.7 空気中の微小素片

4.6.2 ヘルムホルツ方程式

正弦波振動をする音波に対する波動方程式を 3 次元座標で表した

$$\left(\frac{\partial^2}{\partial x^2} + \frac{\partial^2}{\partial y^2} + \frac{\partial^2}{\partial z^2}\right)p = \nabla^2 p = -k^2 p \tag{4.84}$$

をヘルムホルツ方程式と呼ぶ。ここで上式左辺の括弧の中を線形演算子と思えば，右辺の $-k^2$（波長定数の 2 乗に負号をつけたもの）はその演算子の固有値とみなせる。演算子の固有値は振動系の境界条件によって異なる。

境異条件を満足して定在波（固有関数，固有振動）を形成する条件として固有値が定まり，固有値から固有周波数が得られる。固有周波数の分布は振動系

の特徴を定める。音響振動系の固有値は上記の波（長）定数の2乗の負号をつけたものではなく，ヘルムホルツ方程式を満足する波（長）定数をもって定義する。この固有値から求められる固有振動の周波数を固有周波数あるいは固有振動数と呼ぶ。

4.6.3 2次元振動系の固有周波数

2次元系のヘルムホルツ方程式において境界で変位を0とすれば，固有関数を sin 関数で表して

$$\left(\frac{\partial^2}{\partial x^2} + \frac{\partial^2}{\partial y^2}\right)\sin\frac{l\pi x}{L_x}\sin\frac{m\pi y}{L_y} = -k^2\sin\frac{l\pi x}{L_x}\sin\frac{m\pi y}{L_y} \quad (4.85)$$

より，固有周波数に対応する波長定数の2乗値として

$$k_{lm}{}^2 \equiv \left(\frac{l\pi}{L_x}\right)^2 + \left(\frac{m\pi}{L_y}\right)^2 \quad (4.86)$$

を得る。ただし，$l,\ m = 0,\ 1,\ 2,\ \cdots$ である。

4.6.4 固有周波数（固有値）の数[2]

長方形の室形状を例として，図4.8のように2次元の波長定数空間の格子点に存在する固有周波数の数を数えよう。固有周波数の数を対応する波長定数で数えることとする。波長定数 k 以下に存在する固有周波数を数えるため，図

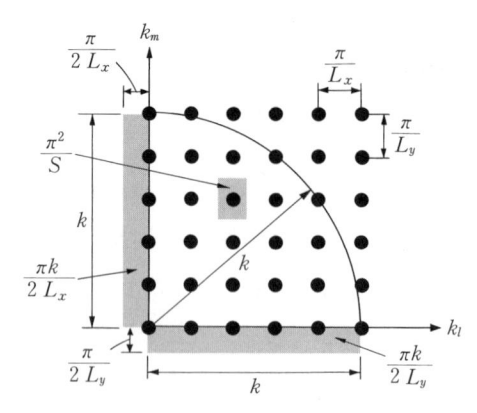

図4.8 2次元波定数空間における固有周波数の分布

の4分の1円と座標軸部分のあみ掛け部分の面積を数えると

$$D(k) = \frac{\pi k^2}{4} + \frac{\pi k}{2L_x} + \frac{\pi k}{2L_y} = \frac{\pi k^2}{4} + \frac{\pi k}{4}\frac{L}{S} \qquad (4.87)$$

となる。S は長方形室内の面積 $[\mathrm{m}^2]$，L は長方形室の周長 $[\mathrm{m}]$ である。これより固有周波数の数は

$$N(k) \cong \frac{D(k)}{\pi^2/S} = \frac{\frac{\pi k^2}{4}}{\pi^2/S} + \frac{\frac{\pi k}{4}\frac{L}{S}}{\pi^2/S}$$

$$= \left(\frac{Sk^2}{4\pi} + \frac{Lk}{4\pi}\right) \qquad (4.88)$$

で与えられる。2次元系の固有周波数の数は固有周波数を数え上げる上限周波数の2乗に比例して増大する。

非長方形状の室内では，図4.8の軸上に存在する固有値を除いて

$$N(k) \cong \frac{Sk^2}{4\pi} + \frac{Lk}{4\pi} - \left(\frac{kL_x}{\pi} + \frac{kL_y}{\pi}\right)$$

$$= \frac{Sk^2}{4\pi} - \frac{Lk}{4\pi} \qquad (4.89)$$

によって推定される。S は面積 $[\mathrm{m}^2]$，L は周長 $[\mathrm{m}]$ である。2次元系と同様に3次元室内の固有値の数は，直方体，非長方形それぞれ

$$N(k) \cong \frac{Vk^3}{6\pi^2} + \frac{Sk^2}{16\pi} + \frac{Lk}{16\pi} \quad 直方体 \qquad (4.90)$$

$$N(k) \cong \frac{Vk^3}{6\pi^2} - \frac{Sk^2}{16\pi} \quad 非直方体 \qquad (4.91)$$

となる。V は室容積 $[\mathrm{m}^3]$，S は室内壁面表面積 $[\mathrm{m}^2]$，L は室内稜線の周長 $[\mathrm{m}]$ である。

4.7 音響管と伝達関数

4.7.1 開口音響管の解

図4.9のような開口端音響管では，波動方程式の解を一般解

4. 室内音響と伝達関数

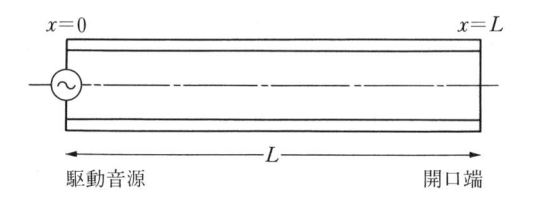

図 4.9 開口音響管の例

$$p = j\omega\rho(A\cos kx + B\sin kx)\exp(j\omega t) \quad [\text{Pa}] \tag{4.92}$$

から得ることができる。一般解における任意定数 A と B は境界条件によって決定される。図 4.9 のように開口音響管の端 ($x = 0$) を駆動することにしよう。解ならびに固有周波数は駆動する音源条件によって異なる。音圧駆動音源による端 ($x = 0$) 駆動条件では，両端の境界条件

$$p(x = 0) = p_0 \exp(j\omega t) \quad [\text{Pa}] \quad x = 0 \quad 音圧駆動 \tag{4.93a}$$
$$p(x = L) = 0 \quad [\text{Pa}] \qquad\qquad x = L \quad 開口端 \tag{4.93b}$$

より解は

$$p = p_0 \frac{\sin k(L - x)}{\sin kL} \exp(j\omega t) \quad [\text{Pa}] \tag{4.94}$$

となる。音響管の固有周波数に対する波長定数 $k_l = l\pi/L$ は解の特異点（共振点）となる。ただし，$l = 1, 2, 3, \cdots$ である。

同様に速度駆動音源による端駆動では，境界条件

$$v(x = 0) = v_0 \exp(j\omega t) \quad [\text{m/s}] \quad x = 0 \quad 速度駆動 \tag{4.95a}$$
$$p(x = L) = 0 \quad [\text{Pa}] \qquad\qquad x = L \quad 開口端 \tag{4.95b}$$

より解は

$$p = j\rho c v_0 \frac{\sin k(L - x)}{\cos kL} \exp(j\omega t) \quad [\text{Pa}] \tag{4.96}$$

となる。$x = 0$ における振動速度 $v\,[\text{m/s}]$ は音圧傾度を表す微係数を用いて

$$j\omega\rho v \big|_{x=0} = -\frac{\partial p}{\partial x}\bigg|_{x=0} \tag{4.97}$$

と表すことができる。ここで ρ は空気の体積密度 $[\text{kg/m}^3]$ である。固有周波数の波長定数は $k_l = (2l - 1)\pi/2L$ となる。

4.7.2 駆動点インピーダンスと伝達インピーダンス

音源位置 (x_s) における音圧 [Pa] と体積速度 [m³/s] との比を駆動点 (音響) インピーダンスという。駆動点 (音響) インピーダンスは駆動音源の音響放射インピーダンスといい換えることもできる。4.7.1項の一端駆動開口端音響管の駆動点インピーダンスは，音源駆動条件にかかわらず

$$Z(\omega, x_s = 0) = \frac{j\rho c}{S} \tan kL \quad [\text{Pa·s/m}^3] \tag{4.98}$$

となる。音源の体積速度 Q [m³/s] は音響管の断面積を S [m²]，音源位置における振動速度を v [m/s] として，$Q = Sv$ [m³/s] で表される。**図 4.10** に概略を示すように駆動点インピーダンスの極と零は交互に現れる。インピーダンスの特異点 (極) 間隔は π/L である。

(a) 駆動点インピーダンス $\log_{10}|Z(\omega, x_s=0)|$

(b) 伝達インピーダンス $\log_{10}|H(\omega, x_s=0, =x)|$

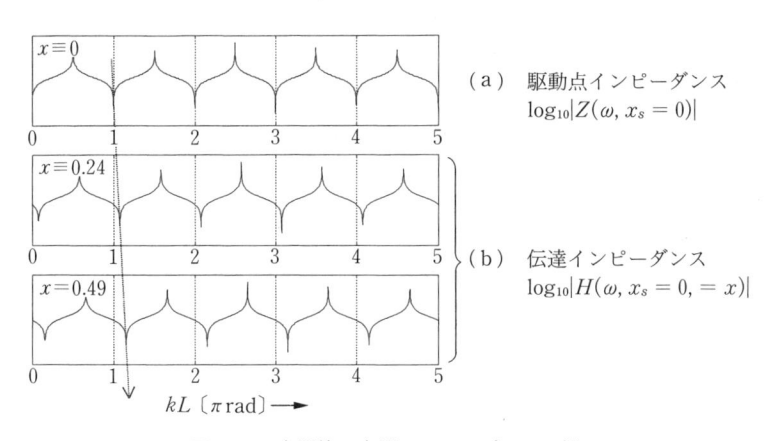

kL [π rad] →

図 4.10 音響管の音響インピーダンスの例

音源位置 (式 (4.98) では管の端，すなわち，$x_s = 0$) から x [m] 離れた受音点 (受音点座標: $x_r = x$) の音圧と音源体積速度との比を伝達インピーダンスという。4.7.1項の音響管の伝達 (音響) インピーダンスは

$$H(\omega, x_s = 0, x_r = x) = \frac{j\rho c}{S} \frac{\sin k(L-x)}{\cos kL} \quad [\text{Pa·s/m}^3] \tag{4.99}$$

と表される。図 (b) に示すように，極は駆動点インピーダンスと同一である。しかし零点は受音点が音源から離れるに従って高い周波数へ移動する。

4.7.3 音源位置と駆動点インピーダンスの極

音響管の境界条件が一定であるならば，駆動点インピーダンスの極は音源位置によらず決定される。音響管内を伝搬する 1 次元波動は，図 4.11 に示すような分布定数線路によって表すことができる。音圧〔Pa〕は電圧〔V〕，振動速度〔m/s〕は電流〔A〕にそれぞれ対応する。また音響管終端のインピーダンスは音響管の境界条件によって決定される。

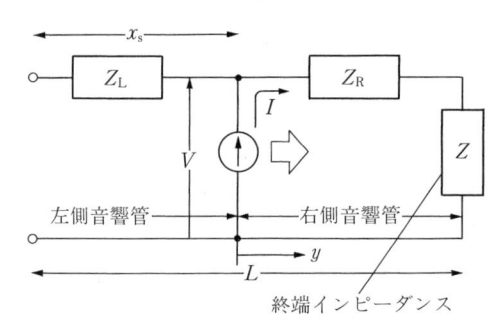

図 4.11 音響管内の波動伝搬を表す分布定数回路モデル

ここでは両端開口の音響管としてそれぞれの終端インピーダンスを零とし，音源位置を音響管の内部に設置することにしよう。駆動点インピーダンスは音源の駆動条件にはよらないので，音源を体積速度 u_0〔m³/s〕をもつ定速度音源（電流源）であるとして考えよう。

音源位置を x_s として音源から開口音響管の右側を見た駆動点インピーダンス Z_R〔Pa·s/m³〕は，右側へ流れる電流に対応づけられる音響管右側を駆動する速度成分を u_R〔m³/s〕とすれば，式 (4.98) より

$$Z_R \equiv \frac{p_0}{u_R} = \frac{j\rho c}{S} \cdot \tan(k(L-x_s)) \quad \text{〔Pa·s/m³〕} \tag{4.100}$$

と表される。p_0 は音源上に生じる音圧〔Pa〕，S は音響管の断面積〔m²〕である。左側音響管を見た駆動点インピーダンス Z_L は

$$Z_L = \frac{p_0}{u_L} = \frac{j\rho c}{S} \cdot \tan(k \cdot x_s) \quad \text{〔Pa·s/m³〕} \tag{4.101}$$

と表される。ただし，u_L〔m³/s〕は左側音響管を駆動する速度成分とする。し

たがって，音響管内部に設置した音源の駆動点インピーダンス Z_s は

$$Z_s \equiv \frac{p_0}{u_0} = \frac{Z_L \cdot Z_R}{Z_L + Z_R} = \frac{j\rho c}{S} \cdot \frac{\sin kx_s \cdot \sin k(L - x_s)}{\sin kL} \quad [\text{Pa·s/m}^3]$$
(4.102)

と表される．ここで

$$u_0 \equiv u_L + u_R \quad [\text{m}^3/\text{s}]$$
(4.103)

である．音源位置にかかわらず駆動点インピーダンスの極が不変である．式(4.98)と比べれば一端駆動開口音響管と両端開口音響管では境界条件が異なるため，駆動点インピーダンスの極が異なることもわかる．

4.7.4 音源位置と伝達インピーダンスの極

両端開口音響管として両端の終端インピーダンスを零とし，音源位置を音響管の内部に設置することにしよう．音源位置を x_s として音源の駆動点インピーダンスを

$$Z_s \equiv \frac{p_0}{u_0} = \frac{Z_L \cdot Z_R}{Z_L + Z_R} = \frac{j\rho c}{S} \cdot \frac{\sin kx_s \cdot \sin k(L - x_s)}{\sin kL} \quad [\text{Pa·s/m}^3]$$
(4.104)

と表せば，音源上音圧 p_0 [Pa] は

$$p_0 = \frac{Z_L \cdot Z_R}{Z_L + Z_R} \cdot u_0 = \frac{j\rho c}{S} \cdot \frac{\sin kx_s \cdot \sin k(L - x_s)}{\sin kL} \cdot u_0 \quad [\text{Pa}] \quad (4.105)$$

と表すことができる．したがって，音源から右側部分に受音点を設置して観測される音圧 p_R は，受音点座標を x とすれば，音圧 p_0 で左端を音圧駆動された長さ $L - x_s$ の右側音響管の音圧

$$p_R = p_0 \cdot \frac{\sin k(L - x)}{\sin k(L - x_s)} \quad [\text{Pa}]$$
(4.106)

より

$$p_R = \frac{j\rho c}{S} \cdot \frac{\sin kx_s \cdot \sin k(L - x)}{\sin kL} u_0 \quad [\text{Pa}]$$
(4.107)

のように求めることができる．したがって，伝達インピーダンスは

$$H \equiv \frac{p_R}{u_0} = \frac{j\rho c}{S} \cdot \frac{\sin kx_s \cdot \sin k(L-x)}{\sin kL} \quad [\text{Pa·s/m}^3] \qquad (4.108)$$

と表される。音源位置あるいは受音点にかかわらず伝達インピーダンスの極が不変であることがわかる。式（4.99）と比較すれば一端駆動開口音響管と両端開口音響管では境界条件が異なるため，駆動点インピーダンスと同様に伝達インピーダンスの極が異なることもわかる。

4.7.5 音響管からの音の放射

音源からの単位時間当りの音の放射エネルギーを表す音響出力〔W〕は，4.3.2項で述べたように音源の駆動点インピーダンスの実部から求められる。音源の体積速度を Q〔m^3/s〕，音源表面上の音圧〔Pa〕と体積速度〔m^3/s〕の比を表す音響放射インピーダンス Z_A〔Pa·s/m^3〕の実部を R_A とすれば，音源の音響出力 P〔W〕は

$$P = \frac{Q^2}{2} R_A \quad [\text{W}] \qquad (4.109)$$

と表すことができる。音響管から放射される音のエネルギーも音響管を駆動する音源の駆動点インピーダンスから求めることができる。

音響管の断面積を S〔m^2〕とすれば，開口音響管の一端を駆動する音源の駆動点管響インピーダンスは式（4.98）に示したように

$$Z(\omega, x_s = 0) = \frac{j\rho c}{S} \tan kL \quad [\text{Pa·s/m}^3] \qquad (4.110)$$

と表される。このインピーダンスの実部は零である。したがって，音源から開口音響管を経て放射される音響エネルギーは零となる。これは音響管の開口端を音圧が零となる完全反射面としたからである。開口端といえども音のエネルギーのいくらかは管から外へ放射され伝搬する。そこで完全反射面ではない境界条件を考えよう。

開口端からの反射波の大きさを求めるため，管内を伝搬する進行波の進行方向がわかりやすいように複素数形

$$p = j\omega\rho(Ae^{-jkx} + Be^{jkx})\exp(j\omega t) \quad [\text{Pa}] \qquad (4.111)$$

を用いて音響管内の音圧波動を表すこととしよう。音響管の開口端に音響インピーダンス Z [Pa·s/m³] の負荷が接続され，もう一方の端を速度駆動するものとして両端の境界条件を

$$v(x=0) = v_0 \exp(j\omega t) \quad \text{[m/s]} \quad x=0 \quad \text{速度駆動} \quad (4.112)$$

$$p(x=L) = Z \cdot v(x=L) \cdot S \quad \text{[Pa]} \quad x=L \quad \text{開口端} \quad (4.113)$$

とすれば，入射波と反射波の複素振幅比（反射係数と呼ぶ）は

$$\frac{B}{A} = e^{-2jkL} \cdot \left(\frac{Z-Z_0}{Z+Z_0}\right) \tag{4.114}$$

と表される。ただし $Z_0 \equiv \rho c/S$ である。この ρc は平面進行波の音圧 [Pa] と粒子速度 [m/s] との比を表し，媒質の固有インピーダンスという。

一方の開口端に音響インピーダンス Z [Pa·s/m³] の負荷が接続されたとき，もう一端を駆動する定速度音源の駆動点音響インピーダンス Z_{in} は

$$Z_{in} = Z_0 \cdot \frac{A+B}{A-B} = Z_0 \cdot \frac{Z \cdot \cos kL + jZ_0 \cdot \sin kL}{j \cdot Z \cdot \sin kL + Z_0 \cdot \cos kL} \quad \text{[Pa·s/m³]}$$
$$\tag{4.115}$$

と表すことができる。負荷インピーダンス Z の実部と虚部をそれぞれ R と X として

$$Z \equiv R + jX \quad \text{[Pa·s/m³]} \tag{4.116}$$

と表し，駆動点インピーダンス Z_{in} の実部を求めると

$$R_{in} \equiv \text{Re}(Z_{in})$$
$$= \frac{R \cdot Z_0}{(Z_0 \cdot \cos kL + X \cdot \sin kL)^2 + R^2 \cdot \sin^2 kL} Z_0 \quad \text{[Pa·s/m³]}$$
$$\tag{4.117}$$

と書くことができる。

4.7.6 音響管放射音の能動制御

空調機が取り付けられたような音響管（ダクトと呼ぶ）では，音が放射されないのが望ましい。音響管の一端に設置された騒音源を定速度駆動音源と考えよう。音源から音響管を通して放射される音響出力 P [W] は 4.7.5 項で述べ

たように，音源の体積速度の大きさの2乗に比例し，音源の駆動点インピーダンスの実部に比例する。したがって，放射音を小さくするには音響管の終端インピーダンス Z の実部 R が零になるように制御すればよい。

音響管内に新たに音源を付加して音響管終端開口部の音圧を零になるように制御することを，音響管放射音の能動制御と呼ぶ。図 4.11 に示すように音響管部内部のある 1 点 x_s で観測される音圧を p_s，開口端のインピーダンスを Z として右側音響管内の音圧を求めると

$$p(x) = \frac{j\rho c \cdot \sin k(L-x) + SZ \cdot \cos k(L-x)}{j\rho c \cdot \sin k(L-x_s) + SZ \cdot \cos k(L-x_s)} \cdot p_s \quad [\text{Pa}] \quad (4.118)$$

と求めることができる。これは図 4.11 に示した右側音響管において音源位置をかりに長さ $L-x_s$ の音響管の左端，すなわち右側音響管座標 y に対して境界条件を

$$y = 0 \quad p = p_s \quad [\text{Pa}] \tag{4.119}$$

$$y = L - x_s \quad p = vSZ \quad [\text{Pa}] \tag{4.120}$$

とした音圧波動の解である。ただし，v は振動速度

$$j\omega\rho v = -\left.\frac{\partial p}{\partial y}\right|_{y=L-x_s} \quad [\text{m/s}] \tag{4.121}$$

である。この結果から音響管内 $x = x_s$ に設置された付加音源によって音響管開口端 ($x = L$) で発生する音圧は，付加音源上の音圧を p_s とすれば

$$p_{ss}(x=L) = \frac{SZ}{j\rho c \cdot \sin k(L-x_s) + SZ \cdot \cos k(L-x_s)} \cdot p_s \quad [\text{Pa}]$$
$$\tag{4.122}$$

となる。同様に音響管内一端 ($x = 0$) に置かれた騒音源によって音響管の開口端に生じる音圧は，騒音源上の音圧を p_p とすれば

$$p_{ps}(x=L) = \frac{SZ}{j\rho c \cdot \sin kL + SZ \cdot \cos kL} \cdot p_p \quad [\text{Pa}] \tag{4.123}$$

と表される。したがって，開口端音圧を零にするには

$$p_{ps}(x=L) + p_{ss}(x=L) = 0 \quad [\text{Pa}] \tag{4.124}$$

を満足するよう付加音源上に生じる音圧 p_s を制御すればよい。上記の音響管

開口端音圧を零にする方程式を満たす付加音源上の音圧 p_{s0} は

$$p_{s0} \equiv -\frac{j\rho c \cdot \sin k(L-x_s) + SZ \cdot \cos k(L-x_s)}{j\rho c \cdot \sin kL + SZ \cdot \cos kL} \cdot p_p \quad [\text{Pa}] \quad (4.125)$$

となる。

　騒音源を停止したとき上記の音圧 p_{s0} が付加音源上に生じるように付加音源を制御すれば，音響管からの放射音のパワーを零にすることができる。付加音源を駆動することなく騒音源のみによって音響管内部に設置した付加音源の位置（$x = x_s$）に発生する音圧は，式（4.123）のように一端駆動騒音源上の音圧を p_p とすれば

$$p_{ps}(x_s) = \frac{j\rho c \cdot \sin k(L-x_s) + SZ \cdot \cos k(L-x_s)}{j\rho c \cdot \sin kL + SZ \cdot \cos kL} \cdot p_p$$

$$= -p_{s0} \quad [\text{Pa}] \quad (4.126)$$

と表される。すなわち，式（4.125）で示した音響管開口端からの放射音を零にするために付加音源によって付加音源上に新たに発生させる音圧 p_{s0} は，騒音源によって付加音源上に発生する音圧を打ち消すために必要な音圧である。したがって，音響管放射音を零にするためには，騒音源ならびに付加音源の両者が駆動されている状態で，付加音源上の音圧が零になるように付加音源を制御すればよい。

4.8　室内音場の伝達関数表現

　室内の音波伝搬現象は波動方程式によって記述される。本節では音源・受音点間で観測される伝達特性を記述する音場モデルについて概説する。

4.8.1　不規則音場の進行波表現

　4.2 節で述べたように室内を伝わる音波は音源から受音点に直接達する直接音に壁面からの反射音が重畳して形成される。伝搬経路の異なる N 個の反射音の重畳によって生じる音場の音圧 p [Pa] は，式（4.3）に示したように位相

の異なる平面波の重畳として

$$p(t) = p_0 \sum_{i=1}^{N} \cos(\omega t + \alpha_i) \quad [\text{Pa}] \tag{4.127}$$

と表すことができる。ここでωは音波の角周波数〔rad/s〕，α_iはi番目の平面波の初期位相角〔rad〕を表す。上式を本書では音場の進行波表現と呼ぶ。

4.2節で述べたように空間を二分する無限に大きな壁面からの反射波は，壁面によって生じる鏡像を音源とする球面波によって表すことができる。鏡像位置は音源の位置によって定められ，空間の任意の点の音場は音源とその鏡像による二つの点音源から発せられる球面波の重畳によって表現することができる。これを鏡像の原理と呼ぶ。

音場を形成する空間の図形（幾何学的形状）を何回か折り返すことによって空間全体を重複することなく覆い隠すことができるとき，その音場に鏡像の原理を適用することができる。

図 4.12 は，図 4.5 において音源位置を変えた場合の長方形 2 次元音場における無数に存在する鏡像の例である。

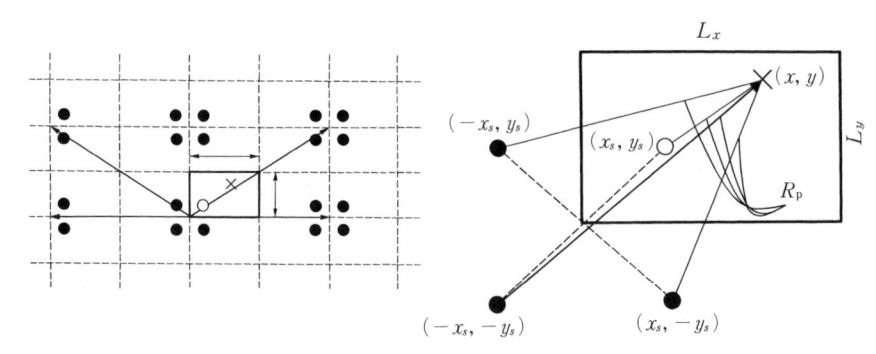

×：受音点　　　$R_p = (x \pm x', y \pm y')$
○：音源　　　　$R_n = 2(lL_x, mL_y)$　　$(l, m : 0, 1, 2, \cdots)$
●：鏡像音源　　$R = |R_p + R_n|$

図 4.12 長方形音場における鏡像分布の例

不規則な形状をもつ室内の音場に鏡像の原理を適用することはできない。しかし室内のある受音点で観測される反射波をそれぞれ強さQ_n〔m³/s〕，受音点

からの距離 R_n [m] をもつ仮想点音源から発せられた球面波と考えることにより，その点の音場を球面進行波の重畳

$$p(t) = j\omega\rho \sum_{n=1}^{N} \frac{Q_n}{4\pi R_n} e^{j\omega t - jkr_n} \quad [\text{Pa}] \tag{4.128}$$

によって表現することもできる。ここで各反射波を生成する音源群は音源の鏡像ではなく，受音点によってそれぞれ定められる仮想点音源群である。この仮想音源分布を測定する方法が 4.9.7 項に示す山崎らによって考案された近接 4 点法である[3]。

4.8.2 室内音場伝達関数の定在波表現

1 次元音響管の伝達関数表現は 3 次元室内音場に拡張することができる。周囲を剛壁で囲まれた直方体室内音場の伝達関数は 3 稜の長さをそれぞれ L_x, L_y, L_z [m] とすれば，点音源座標 $\boldsymbol{x}_s(x_s \ y_s \ z_s)$ [m]，受音点座標 $\boldsymbol{x}(x \ y \ z)$ [m]，さらに波定数 k [1/m] を複素数に拡張して

$$H(k, \boldsymbol{x}_s, \boldsymbol{x}) = \frac{-j\omega\rho}{V} \sum_{N=0}^{\infty} \frac{\Lambda_N \Phi_N(\boldsymbol{x}_s(x_s \ y_s \ z_s)) \Phi_N(\boldsymbol{x}(x \ y \ z))}{k^2 - k_N^2} \quad [\text{Pa·s/m}^3] \tag{4.129}$$

と表される。ただし

$$k_N^2 \equiv \left(\frac{l\pi}{L_x}\right)^2 + \left(\frac{m\pi}{L_y}\right)^2 + \left(\frac{n\pi}{L_z}\right)^2 \tag{4.130}$$

$$\Phi_N(\boldsymbol{x}) \equiv \cos\frac{l\pi x}{L_x} \cos\frac{m\pi y}{L_y} \cos\frac{n\pi z}{L_z} \tag{4.131}$$

$$\Lambda_N \equiv \Lambda_{lmn} \equiv 2^{u(l)} 2^{u(m)} 2^{u(n)} \tag{4.132}$$

$$u(q) \equiv 0 \quad (q = 0) \qquad u(q) \equiv 1 \quad (q \geq 1) \tag{4.133}$$

$$V \equiv L_x L_y L_z \quad [\text{m}^3] \tag{4.134}$$

とする。また，l, m, n は非負の整数で上記の級数和は l, m, n に関してそれぞれ 0 から無限大までにわたる和をとるものとする。

この定在波表現は図 4.12 に示したような鏡像から球面進行波が放射されるときの進行波表現[4]

$$H(k, \boldsymbol{x}_\mathrm{s}, \boldsymbol{x}) = j\omega\rho \sum_{p=1}^{8} \sum_{N=-\infty}^{\infty} \frac{e^{-jk|\boldsymbol{R}_p + \boldsymbol{R}_N|}}{4\pi|\boldsymbol{R}_p + \boldsymbol{R}_N|} \quad [\mathrm{Pa\cdot s/m^3}] \quad (4.135)$$

と等しい。ただし

$$\boldsymbol{R}_p \equiv [x \pm x_\mathrm{s} \quad y \pm y_\mathrm{s} \quad z \pm z_\mathrm{s}] \qquad \boldsymbol{R}_N \equiv [2lL_x \quad 2mL_y \quad 2nL_z]$$
(4.136)

である。ここで $[* \quad * \quad *]$ は3次元ベクトルを表す。また l, m, n, は負を含む整数に拡張する。室内音場伝達関数を表す定在波は，直方体のようないくつかの単純な形状以外はその関数形を知ることはできない。

しかし，音場の定性的性質を分析するには直方体音場の定在波表現が有効である。

4.9 室内音場伝達関数の計測

4.9.1 インパルス応答の計測

西瓜を叩いて中身を判断することがある。また人工地震を起こして地球の内部の構造を知る方法がある。これらの手法は短い刺激に対する応答を調べることにより内部の様子をくまなくとらえようとするもので，音響機器や室内音響の分析にも適用されている。

例えば，楽器を演奏する位置で短いパルス性の音を出して，聴く人に位置でその応答—インパルス応答—を記録する。その応答から任意の音源に対してどのような音がするかを計算により求めることができる。本項では音場のインパルス応答の計測とその応用について述べる。

前述のように系が線形時不変であるならば，その系への任意の入力信号に対する応答を入力信号と系の**インパルス応答**（impulse response）とのたたみこみ演算によって計算することができる。また**音場**（sound field）のインパルス応答を十分な精度で測定しておけば，1本のインパルス応答から**残響時間**（reverbration time）などの音響パラメータが計算できる。さらに近接した4点で計測したインパルス応答から4.9.7項で紹介する**近接4点法**（closely

4.9 室内音場伝達関数の計測

located 4-point method) と呼ばれる手法で空間情報を把握することも可能である。

音場のインパルス応答の計測手段としては，電気を利用した起爆装置による少量の黒色火薬の爆発，競技用あるいは玩具の火薬ピストル，ペーパースタータ，風船の破壊，火花放電などのパルス性の音源を使って受音点においたマイクロホンで直接収録する方法，幅の狭いパルス性（15〜20 μs，50〜100 V）の信号でスピーカを駆動し多数回平均化する方法，M系列雑音やピンクノイズをアンプスピーカを介して音場に放出し受音点においてマイクロホンで収録した信号と駆動信号の両者を用いて音源のパワースペクトルと音源・受音点間のクロスパワースペクトルから周波数伝送特性を求め，フーリエ逆変換により計算する手法，タイムストレッチドパルスで音場を駆動しその応答と時間軸を反転させた駆動信号とのたたみこみによりインパルス応答を求める方法などが使

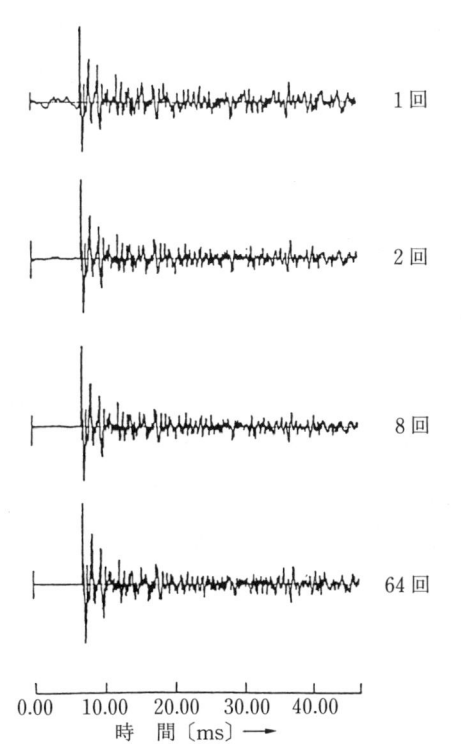

図 4.13 平均化の効果

われている。

　幅 10 μs，波高値 70 V のパルスでスピーカを駆動し，1〜64 回平均化したときの平均化の効果を**図 4.13** に示す。平均化の効果により雑音の低下する様子が，特に直接音の到来以前（0〜7 ms）においてよくわかる。筆者らはパルスの呈示間隔は周期的な雑音の影響をもっと軽減すべく，十分な間隔（5〜6 s）の範囲に乱数を使って設定している．

　ところで，コンサートホールなどの測定は一般に空席状態で行わざるをえない．しかし，実は満席時のデータが重要である．演奏者とホールの協力を得て，演奏中に観客の妨げとならない程度の既知信号を出し続けて長時間平均することにより，満席時のインパルス応答の測定も試みられている[5]。

4.9.2　時変性と計測

　前述のようにインパルス応答はさまざまな方法で測定することができるが，暗騒音のある音場で十分な信号対雑音（SN）比を確保するには多数回の測定を行い，その応答を平均化する必要が生じる場合もある。条件によっては十分な SN 比を得るのに長時間を要し，系の**時不変性**（time invariance）が問題となることもある。

　通常インパルス応答の計測およびその展開においては系すなわち音場は線形時不変性なものと仮定して扱う。しかるに高林らが指摘したように巨視的にみれば線形時不変性は成立しているが温度・湿度の変化や風の影響により微視的にみれば線形性はともかく時不変性については十分吟味する必要がある。約 200 m^3 の密閉した会議室で冬期（12 月）夜間 10 時間にわたり測定したインパルス応答の初期部分 10 m^3 を**図 4.14** に示す。

　音場の伝送特性が変化すれば，特に後半の応答は時間の経過とともに減衰するはずである。10 時間経過後も 32 回の平均はほとんど変わらないが，10 時間全体を平均すると全体に滑らかになりわずかではあるが明らかな違いが観察される。これは主としてこの間の室温変化（25〜1℃）による音速変化の影響と考えられる[6]。

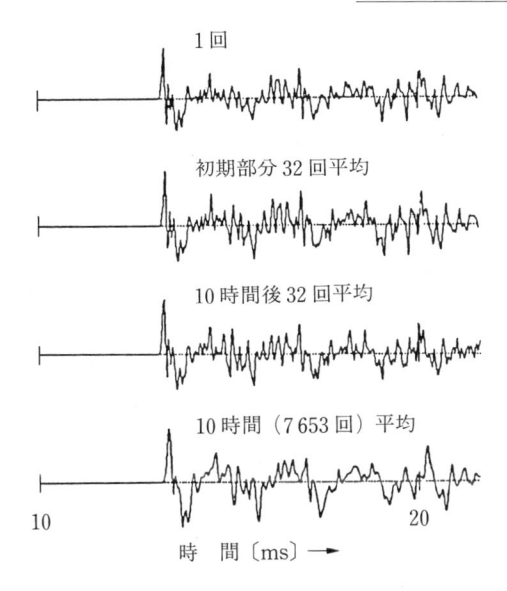

図 4.14 音場の時変性

4.9.3 タイムストレッチドパルス (TSP)

短時間に安定したインパルス応答測定を行う方法として Berkhout や青島らはタイムストレッチドパルス (time stretched pulse, TSP) を提案している[7],[8]。これは文字どおりインパルスの位相を周波数の2乗に比例して変化させることにより，時間軸を引き延ばした信号である。鈴木らは音場測定に最適な TSP の実現方法を提案している[9]。鈴木らによる最適化された TSP は

$$p(k) = \begin{cases} \exp(jak^2) & k = 0, 1, \cdots, (N/2) \\ \exp\{-ja(N-k)^2\} & k = (N/2)+1, \cdots, N-1 \\ a(N/2)^2 = 2m\pi \end{cases} \quad (4.137)$$

ただし，m はパルス幅を決める整数で適当な整数とする
を逆フーリエ変換して得られる信号 $p(k)$ である。

TSP に対する系の応答 $q(k)$ と TSP 信号の時間軸を反転させた $p(N-1-k)$ をたたみこみ演算すると

$$h(n) = \sum_{k=0}^{N-1} q(k) \cdot p(N-1-n+k) \quad (4.138)$$

その系のインパルス応答 $h(n)$ 求めることができるという特徴をもっている。ただし音場のインパルス応答が N より長い場合には TSP を複数回提示して安定したあと，その応答を集録したたみこみを行う必要がある。

4.9.4　長い TSP による音場計測

　音場の計測には前述のとおり十分長い TSP が望ましい。長い TSP はエネルギーも非常に大きいので，たった 1 回の測定で十分 SN 比を確保したインパルス応答の計算が可能となり，時不変性の確保にも有効である。

　TSP による音場の測定は SN 比の点で有利なうえ，耳でその音響をある程度確認することができるという特徴をもつ。唯一の欠点は通常後処理が必要な点であった。実時間で動作するたたみこみ装置を組み合わせれば，TSP 応答からその場で直ちにインパルス応答を求めることができる。

　図 4.15 に示すように 131 072 点，2.73 s のストレッチドパルスを用いることによりたった一度のそれもわずか数秒の計測で，100 dB 以上の SN 比が確保されたインパルス応答の計測が可能となった。一昔前には考えられなかった画期的な手法であり，実時間たたみこみ装置の実用化により初めて実現したものである。

　山﨑らは前述の高速 1 bit 量子化で約 20 秒の TSP を作り実際の音響計測に利用している[10]。

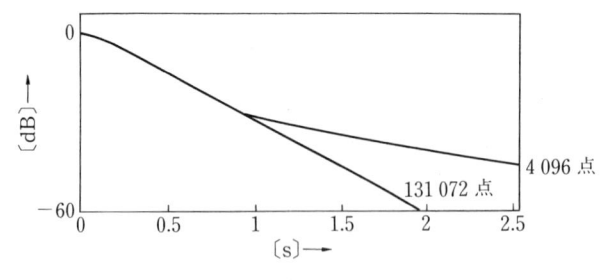

図 4.15　残　響　波　形

4.9.5 2乗積分法による残響計測

インパルス応答が十分の精度で記録,保存されていれば,この1本のインパルス応答から周波数帯域別の残響波形を計算することができる.すなわち,M. R. Schroeder は残響波形の集合平均 $\langle S^2(t) \rangle$ がインパルス応答 $h(t)$ の2乗積分を使って,

$$\langle S^2(t) \rangle = \int_t^\infty h^2(t)\, dt \tag{4.139}$$

と表されることを示している.この積分計算はアナログ測定では一度で行うことは不可能であり

$$\langle S^2(t) \rangle = \int_0^\infty h^2(t)\, dt - \int_0^t h^2(t)\, dt \tag{4.140}$$

と積分を二度に分け,まず1項目のインパルス応答全体を積分して,二度目に2項目の積分をすることにより初めて残響波形が得られる.周波数別の残響波形を測定するには周波数ごとに二度ずつ積分を施す必要がある.

ディジタルシステムではインパルス応答を一度取り込んでしまえば演算で各周波数の残響波形を求めることができる.図 4.16(b)にこの方法で計算した残響波形を示す.

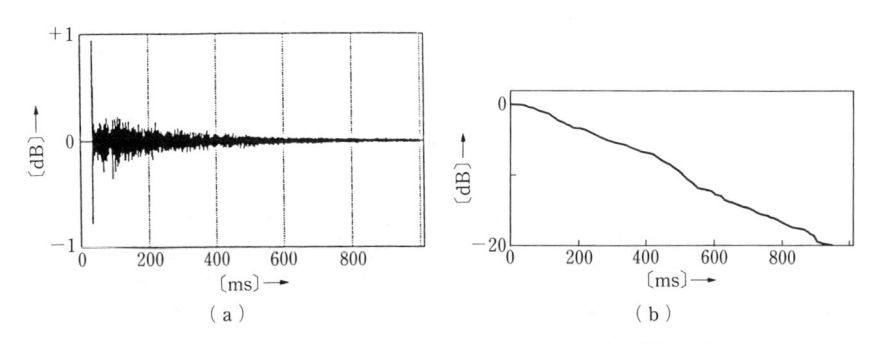

図 4.16　長い一つの TSP によるインパルス応答と残響波形

4.9.6 ウィグナー分布

ウィグナー分布(Wigner distribution)は 1932 年,量子力学の分野で E. Wigner により紹介され,近年,電子計算機の性能向上とともに過渡現象の解

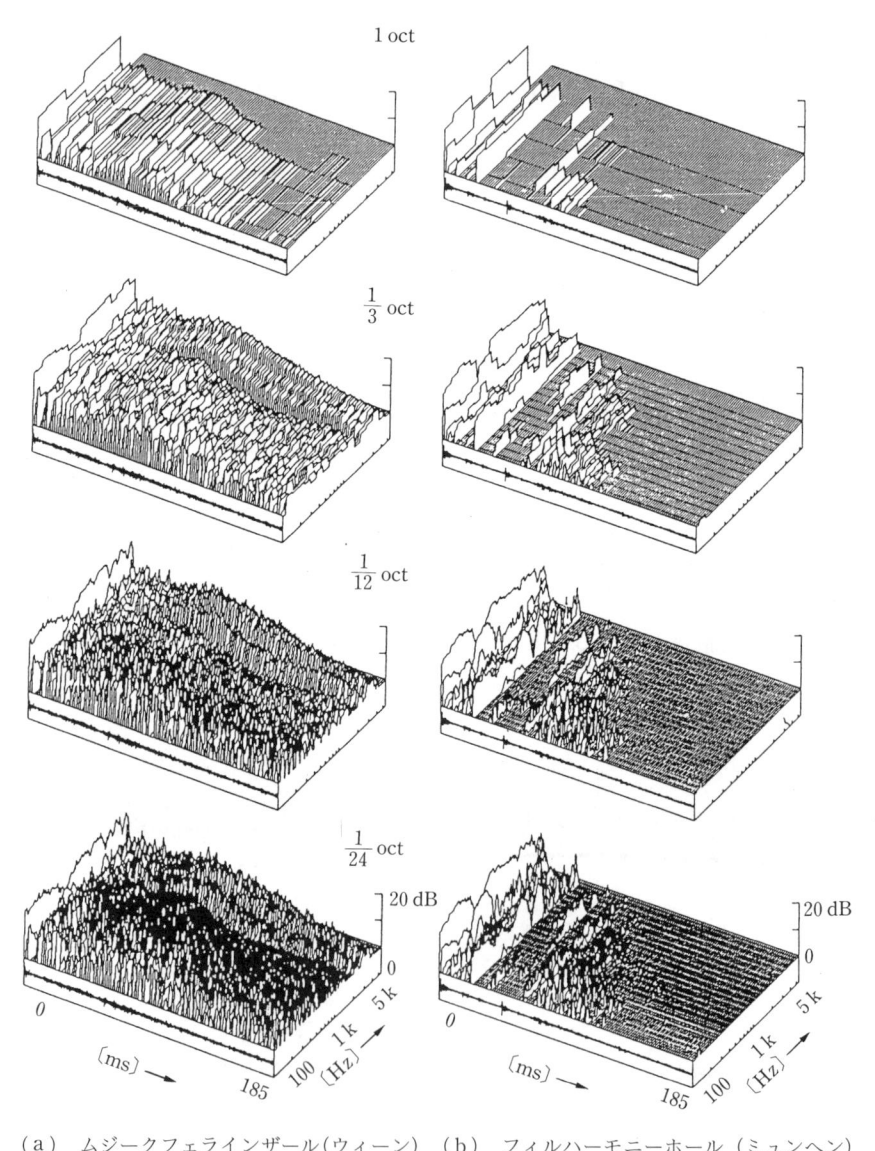

146   4. 室内音響と伝達関数

(a) ムジークフェラインザール（ウィーン）　(b) フィルハーモニーホール（ミュンヘン）

図 **4.17** ウィグナー分布の平均化

析にしばしば使われるようになってきた。

時間信号 $f(t)$ の自己ウィグナー分布 $W(t, f)$ は，

$$W(t, f) = \int_{-\infty}^{\infty} \exp(-j2\pi f\tau) \cdot f\left(t + \frac{\tau}{2}\right) \cdot f^*\left(t - \frac{\tau}{2}\right) d\tau \quad (4.141)$$

となる。ここで * は複素共役を示す。$f(t)$ が $0 < t \leq a$ 以外で 0 の時間信号であるとすれば，その積分区間は $-a \sim +a$ となる。ウィグナー分布は周波数と時間の 2 次元関数であり，時間関数やそのフーリエ変換との関係が数学的にも明確であるのでたいへん扱いやすい関数である。

ウィグナー分布を周波数軸方向に積分すると時間信号のインパルス応答に，時間軸方向に積分するとパワースペクトルとなる。ウィグナー分布は周波数成分の時間変化という概念とよく一致している。

ウィグナー分布は信号の過渡状態の周波数解析に使われているが，周波数と時間という本来直交関係にある 2 変数を使って一つの関数で表しているのでクロス項が生じる。

音場のように複雑な伝送系のウィグナー分布には多くのクロス項が現れる。平均化操作によってクロス項を軽減することもできるが，クロス項を音場の特徴をきわだたせる手段として積極的に利用することも可能である。すなわち，音場がデッドで単純な場合にはクロス項が少なく，逆に複雑な場合にはクロス項も多くなり音場の特徴を助長するので，可視化には有効な手段となるのではないかと考えたわけである[11]。

図 4.17 に時間幅 1.5 ms，周波数幅 1～1/24 oct で平均化を行い振幅の絶対値をデシベル表示したコンサートホールのウィグナー分布を示す。

4.9.7 近接 4 点法による室内空間情報計測

近接 4 点法とは同一平面上にない 4 点，計算の便宜上**図 4.18** に示すように直行軸上の原点および原点より等距離（3～5 cm）の 3 点のマイクロホンでインパルス応答を測定し，短時間相関あるいはインテンシティの手法により空間情報を得ようというものである。相関による方法は四つのインパルス応答の時

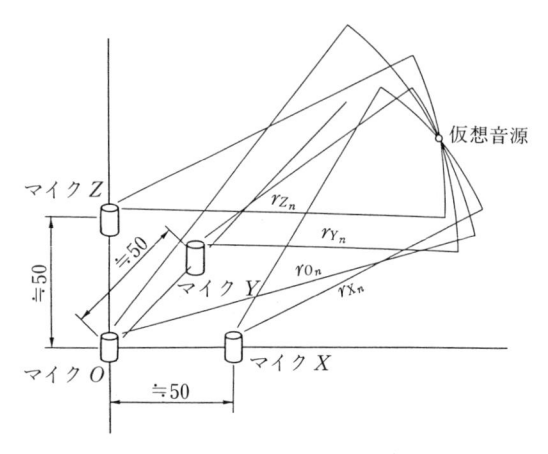

図4.18　近接4点法の測定原理

間構造のわずかな違いに着目して短時間相互相関係数によって同一反射を特定し受音点からみた実効的な反射音，仮想音源の空間座標と大きさを算出しようというものである。

図4.19に大きさの異なる各種音場，一般住宅の居間，コンサートホール（大阪のザ・シンフォニーホール），教会（フライブルグのミュンスタ）の床平面に投影された仮想音源分布を示す。なお，縮尺が音場により異なるので注意されたい。円の中心が投影された仮想音源，すなわち，直接音および"反射音"の座標位置，円の面積がそのパワーに比例し，直行軸の交点は受音点を示す。なお図中におおよその室形を添えた。

仮想音源分布から任意の方向や時間で分割したインパルス応答を計算することもできる。図4.20に示す指向性パターンは水平面を回転面と考え，垂直方向の開き角±45°の範囲から入射する仮想音源のパワーを1°ごとにdB表示したもので，いわゆるハリネズミパターンである。1目盛は10 dBである。

一方，音圧ばかりでなく粒子速度にも着目したインテンシティベクトル成分を求め，3軸方向のベクトル成分を合成することにより，周波数帯域ごとの時間に対する音の到来方向と強さの変化も知ることができる。

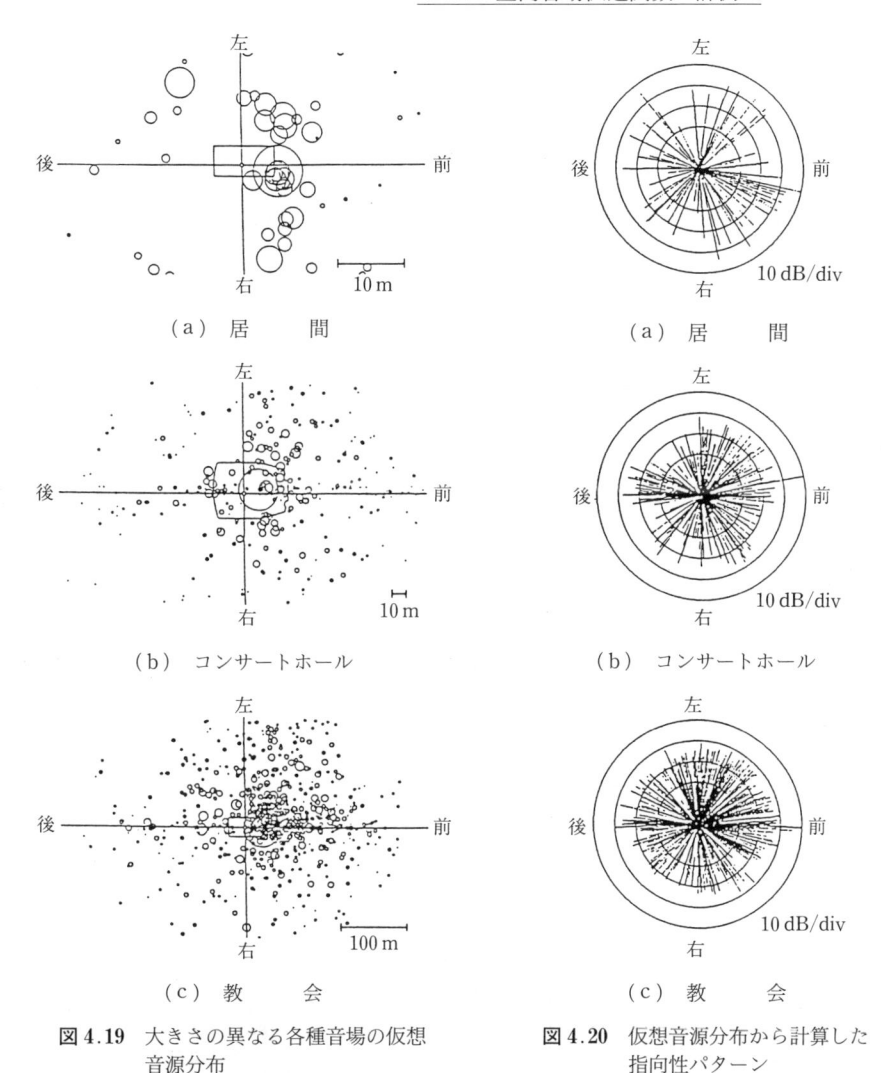

4.9 室内音場伝達関数の計測　*149*

(a) 居　　間

(a) 居　　間

(b) コンサートホール

(b) コンサートホール

(c) 教　　会

(c) 教　　会

図 **4.19**　大きさの異なる各種音場の仮想音源分布

図 **4.20**　仮想音源分布から計算した指向性パターン

4.9.8　コンサートホールの測定例

図 **4.21** に，ムジークフェラインザール（ウィーン）と，図 **4.22** にフィルハーモニーホール（ミュンヘン）の解析結果を示す．その他内外のホールの測定結果は Web ページ（http//www.acoust.rise.waseda.ac.jp）を参照いただき

150   4. 室内音響と伝達関数

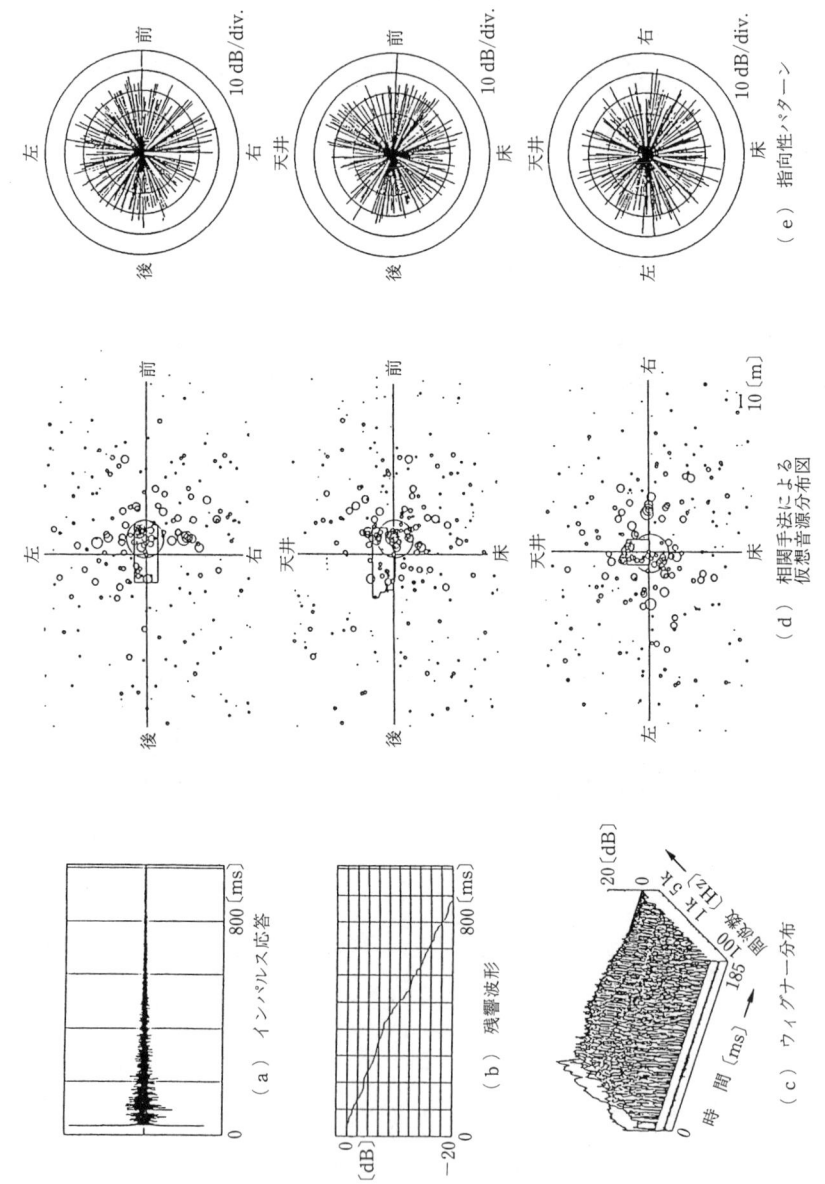

図4.21 コンサートホールの測定結果(ムジークフェラインザホール)

(a) インパルス応答
(b) 残響波形
(c) ウィグナー分布
(d) 相関手法による仮想音源分布図
(e) 指向性パターン

4.9 室内音場伝達関数の計測

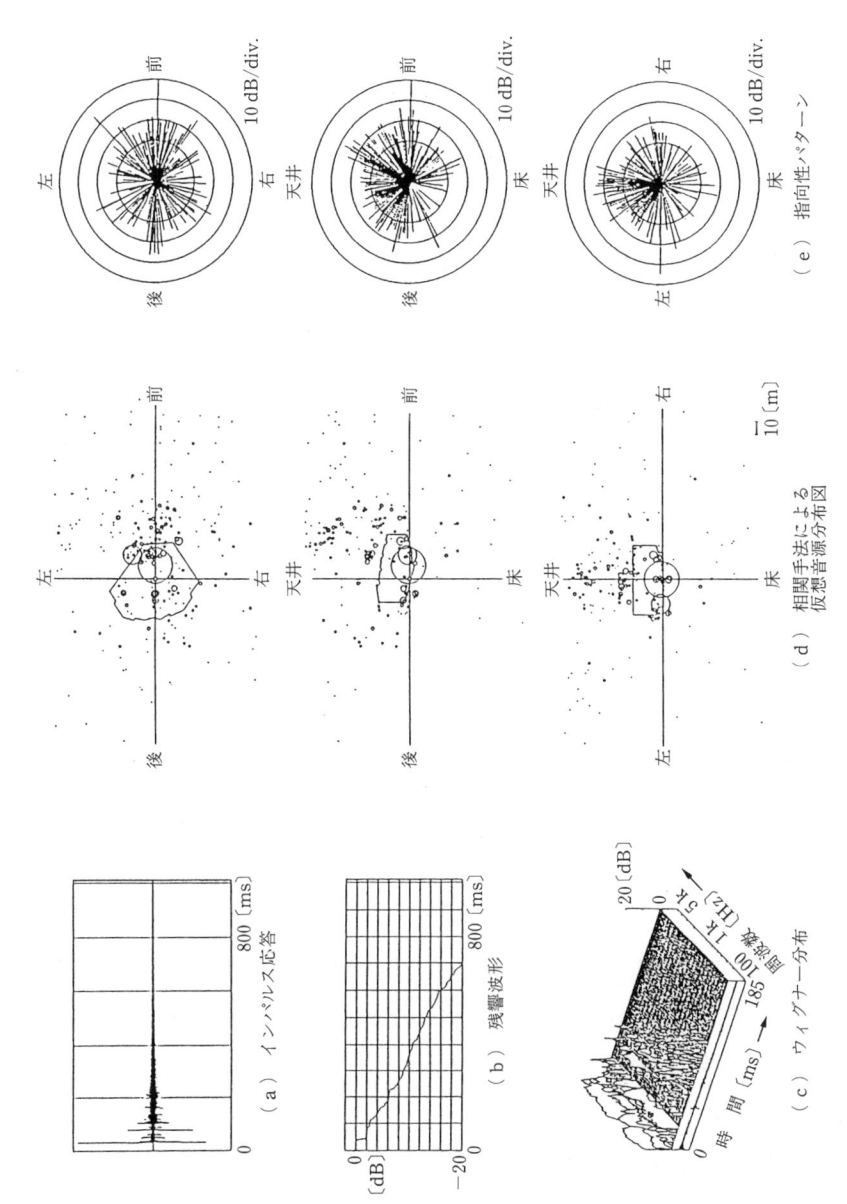

図 4.22 コンサートホールの測定結果（フィルハーモニーホール）

(a) インパルス応答
(b) 残響波形
(c) ウィグナー分布
(d) 相関手法による仮想音源分布図
(e) 指向性パターン

たい。Web ページでは時間経過，直接音から 50 ms を赤，50〜100 ms を緑，100〜200 ms を紫，200〜400 ms を青，400 ms 以降を白と色分けして表示してある。

いずれの場合も音源は舞台上前方ほぼ中央の高さ 1.5 m の点，受音点は高さ 1.2 m の点で音源から 12 m の距離にある 1 階の中央からわずかにずれた点である。ホール容積と収容人員および 500 Hz，1/3 オクターブの残響時間を付記した。満席時の残響時間は客席で録音したオーケストラの演奏の適当な部分を使って求めた満席時の残響時間を 1 オクターブバンドで分析した結果である。

図（d）は近接 4 点法により計算された仮想音源を XY 平面（ホール上方から下方），YZ 平面（右から左）と XZ 平面（後から前）に投影したものである。

図（e）に各平面を回転面とした反射音の指向性パターンを示す。回転方向の開き角 1°，回転面に垂直方向の開き角 ±45° の範囲から入射する仮想音源のパワーを示したものである。1 目盛は 10 dB である。

仮想音源分布からホール形状の違いによる初期反射音の空間構造の違いが観察される。例えば，シューボックス形のムジークフェラインザールやボストンシンフォニーホールでは仮想音源は広く分布し，特に横方向からの反射音が豊富である。一方，ミュンヘンのフィルハーモニーホールでは仮想音源は比較的舞台の近くに集中しており，シューボックス形のホールに比較して横方向からの反射音が少な目である。

また，ムジークフェラインザールにおいて空席時と満席時の残響時間の違いが大きいが，仮想音源分布で下方からの反射音が上方からに比較してはるかに多いことと対応しているものと考えられる。

引用・参考文献

1) Tohyama, M. and Koike, T.：Fundamentals of Acoustic Signal Processing,

Academic Press, Landon (1998)
2) Morse, P. and Ingard, K.：Theoretical Acoustics, Princeton University Press, Princeton, N. J. (1968)
3) 山﨑芳男：小特集―音場・音響信号のモデルとその分析―音響信号の時間周波数分析，音響会誌，**53**，2，pp.147-153（1997）
4) Allen, J. and Berkley, D.：Image method for efficiently simulating small-room acoustics, J. Acoust. Soc. Am., **65**, pp. 943-950 (1979)
5) 山﨑芳男，髙林和彦，原田純一，伊藤　毅，金允起：既知信号の重畳による伝送特性の推定と補正，音講論集，pp.381-382（1989）
6) 髙林和彦，鈴木大介，吉川浩史，山﨑芳男，伊藤　毅：平均化操作を用いた音響計測における系の時不変性の吟味，音講論集，pp.519-520（1988）
7) Berkhout, A. J., de Vries, D. and Boone, M. M.：A new method to acquire impulse responses in concert halls, J. Acoust. Soc. Am., **68**, pp. 179-183 (1980)
8) Aoshima, N.：Computer-generated pulse siganl applied for sound measurement, J. Acoust. Soc. Am., **69**. 1484-1488 (1981)
9) 鈴木陽一，浅野　太，金学胤，曽根敏夫：時間引き伸ばしパルスの設計法に関する考察，通信学会信学技報，**EA92-86**（1992）
10) 山﨑芳男，岡田俊哉，金子元司，白石吾朗，前田英邦：高速標本化1bit処理による音響計測システム，音講論集，pp.381-382（1991）
11) 橘　秀樹，山﨑芳男，前川純一，森本政之，平沢佳男：ヨーロッパのコンサートホールの音響に関する実測調査（第1報）（第2報），音響会誌，**43**，pp.277-285（1987）

5 適応フィルタ

本章では，**適応フィルタ**（adaptive filter）の原理と，それを動作させるための**適応アルゴリズム**（adaptive algorithm）について説明する．適応フィルタは，自分自身の特性が最適になるように自動修正するフィルタであり，未知系を含んだシステムの制御や信号処理に広く利用できる基本技術である．本章ではまず，適応フィルタに関する基本的な事柄や応用例について述べ，続いて代表的な適応アルゴリズムである LMS 法，学習同定法，射影法，RLS 法について説明する．ただし，紙面の都合で詳細な説明は省略した部分もあるので，それらについては参考文献[1]~[10]を参照いただきたい．

5.1 適応フィルタの概要

本節では最初に，適応フィルタのもつ基本機能について説明し，つぎに適応フィルタの代表的利用形態について説明する．

図 5.1 に，適応フィルタを含んだ基本ブロック図を示す．図において，$x(k)$ および $y(k)$ は，それぞれ適応フィルタの入力信号および出力信号を表す．ただし，k は離散的時間を表す変数とする．また，$d(k)$ は，**所望信号**

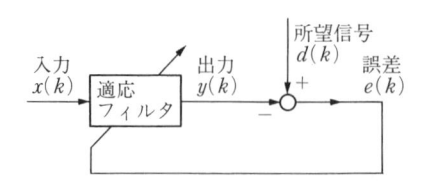

図 5.1 適応フィルタを含んだ基本ブロック図

(desired signal[†]) と呼ばれる信号で，$e(k)$ は，次式で定義される誤差信号である。

$$e(k) = d(k) - y(k) \tag{5.1}$$

このとき，適応フィルタは，出力 $y(k)$ が所望信号 $d(k)$ に似た信号になって，誤差 $e(k)$ のパワーが小さくなるように，自分自身の特性を修正する。そして，その修正は，入力 $x(k)$ および誤差 $e(k)$ に基づいて，時間の経過とともに行われていく。フィルタ特性の修正手順は，適応アルゴリズムと呼ばれ，5.6 節以降で説明するように種々の手法が知られている。

ここではまず，適応フィルタのもつ利点を，例を用いて説明する。**図 5.2** は，消去点 P における騒音を，2 次音源から発生させた音で消去する騒音制御システムを表している。実際の騒音制御の問題は複雑であるが，ここでは説明のためにつぎのように簡単化して考える。すなわち，騒音源から発生される騒音 $x(k)$ はマイクロホン M_1 で受音され，適応フィルタの入力信号として供給される。また，2 次音源の特性や，2 次音源から発生した音が消去点 P に到達するまでの遅延特性などは無視できるものとする。さらに，2 次音源から発生した音はマイクロホン M_1 では受音されないものと考える。

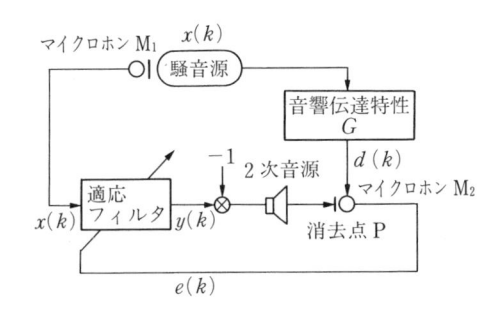

図 5.2 適応フィルタを利用したシステムの例

図 5.2 において，騒音源から消去点 P までの音響伝達特性を G としたとき，P 点で観測される騒音 $d(k)$ は，$x(k)$ に特性 G が付加されたものとなっている。したがって，音響伝達特性 G を測定し，この特性 G をもったフィルタを

[†] 文献によっては，desired response, primary input, reference signal などとも呼ばれている。

図5.2の適応フィルタの代わりに使用すれば，$y(k) = d(k)$ となって，P点で観測される騒音 $d(k)$ は消去できる。しかし，この方法では，音場内の物体の移動や温度変化などによって時間とともに変化する音響伝達特性 G を，常時測定することが必要となる。

これに対して，適応フィルタは，マイクロホン M_2 によって受音されるP点の音圧 $e(k)$ をフィードバックし，そのパワーが最小になるように，フィルタ特性を自動修正する。この修正は，入力 $x(k)$ と誤差（P点の音圧）$e(k)$ だけを用いて行われるので，伝達特性 G を知る必要がない。また，修正は時間の経過とともに繰り返し行われるので，伝達特性が変化したとしても，その変化に追従して騒音を消去することが可能となる。これらのことは，適応フィルタの利用によって得られる大きな利点である。

さて，以上の例をはじめとして，適応フィルタは，未知系を含んださまざまな信号処理，制御問題へ応用がなされている。適応フィルタを利用した代表的な処理系を**図5.3**に示す。各図には，図5.1に示した基本ブロック図が含まれている。

図（a）は，伝達特性が未知の系に対する入力 $x(k)$ と，雑音の加わった出

（a）システム同定　　　　　（b）逆フィルタリング

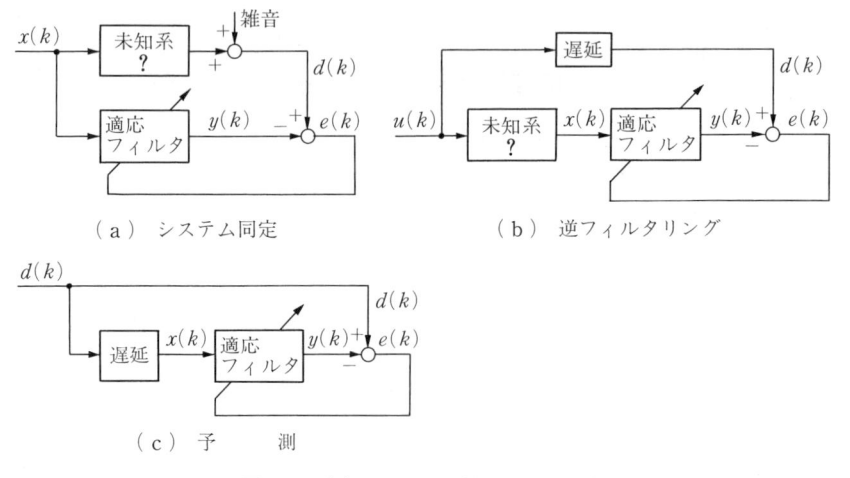

（c）予　測

図5.3　適応フィルタを利用した処理系

力 $d(k)$ が観測できる場合に，その伝達特性を推定する操作（**システム同定**（system identification））の処理系を示している．なお本章では，ことわりのない限り，系は線形であるものと仮定する．

図において適応フィルタは，誤差 $e(k)$ のパワーが小さくなるように自分自身の特性を修正する．そして，適応フィルタの出力が未知系の出力とほぼ一致するようになったとき，この適応フィルタの伝達特性は未知系の伝達特性を推定した値となっている．ただし，入力信号が狭帯域信号であったり，適応フィルタの次数が低すぎる場合には，誤差パワーが小さくなったとしても，適応フィルタの特性と未知系の特性は類似しているとは限らない．また，このことを逆説的にいえば，最終的な目的が誤差パワーの最小化である場合には，図（a）の適応フィルタが未知系の特性を模擬していなくてもその目的は達成できる場合がある．

図（b）は，原信号 $u(k)$ が未知系を通ったことによって変化してしまった信号 $x(k)$ を，遅延させた原信号 $d(k)$ に近づくように回復する操作（**逆フィルタリング**（inverse filtering），**等化**（equalization）などと呼ばれている）の処理系を示している．この逆フィルタリング処理は，未知系の伝達特性が特定の周波数成分に対して応答が零であったり，過大な遅延量を与えたりする場合には，予期しない結果を与えるので注意が必要である．図（b）において原信号そのものではなく，これを遅延させた信号を所望信号 $d(k)$ として与えているのはこの問題を回避するためである．また，適応フィルタへの入力信号 $x(k)$ に人為的に雑音を付加するという対処方法も行われている[24]．逆フィルタリング処理は，例えば，音響機器の特性の補正や，伝送路において変形した波形の復元などに利用されている．

図（c）は原信号 $d(k)$ を遅延させた信号 $x(k)$（過去の信号）を用いて現在の信号 $d(k)$ と近い信号を作りだそうとする操作（**予測**（prediction））の処理系を示している．原信号がまったくランダムなものであれば，どのようなフィルタリングを行っても，過去の信号から現在の信号を予測することはできない．しかし，原信号が正弦波（もしくはその合成されたものと考えられる周期

的信号）であれば，適応フィルタで過去の信号の位相補正を行うことにより，現在の信号を予測することができる．適応フィルタは予測可能な成分のみを出力するので，$y(k)$ をこの処理系の最終出力とすれば，原信号 $d(k)$ に含まれている**周期的成分の強調器**（line enhancer）となる．また，誤差 $e(k)$ を最終的出力とすれば，原信号に含まれている周期的成分（例えば，電源雑音）の除去器（**ノッチフィルタ**（notch filter））として利用することができる．

5.2 適応フィルタの内部構成

適応フィルタは通常，図 5.1～5.3 のブロック図に示したように，箱に矢印が刺さったような記号で表示されるが，その内部は，**図 5.4** に示すように入力信号 $x(k)$ をフィルタリングして出力信号 $y(k)$ を生成するフィルタ部と，そのフィルタ特性を適応アルゴリズムに基づいて修正する適応部とから構成される．適応アルゴリズムについての説明は 5.6 節以降で行うものとし，本節では，フィルタ部についての説明を行う．

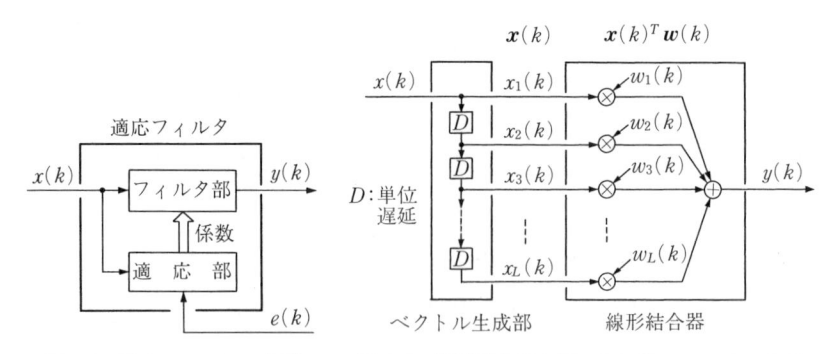

図 5.4 適応フィルタの内部構成

図 5.5 線形結合器を用いた FIR フィルタの表現

適応フィルタのフィルタ部として，最も多く利用されているのが FIR フィルタである．**図 5.5** に $L-1$ 次の FIR フィルタの構成を示す．図に示すように，FIR フィルタはベクトル生成部と**線形結合器**（linear combiner）との二つの部分に分けて考えることができる．線形結合器とは，複数の入力信号に対

して荷重和をとって出力するものであって，L 個の入力信号を $x_1(k)$, $x_2(k)$, $\cdots$, $x_L(k)$ と表し，それに対する（時変）**荷重係数** (tap-weight) を $w_1(k)$, $w_2(k)$, $\cdots$, $w_L(k)$ と表せば，その出力 $y(k)$ は

$$y(k) = \sum_{i=1}^{L} x_i(k) w_i(k) \tag{5.2}$$

と表される。このとき，L は**タップ数**（number of taps）と呼ばれる。また，式(5.2)は，L 次の列ベクトル $\boldsymbol{w}(k)$, $\boldsymbol{x}(k)$ を次式

$$\boldsymbol{x}(k) = [x_1(k),\ x_2(k),\ \cdots,\ x_L(k)]^T \tag{5.3}$$

$$\boldsymbol{w}(k) = [w_1(k),\ w_2(k),\ \cdots,\ w_L(k)]^T \quad (\ ^T:転置) \tag{5.4}$$

で定義すれば

$$y(k) = \boldsymbol{x}(k)^T \boldsymbol{w}(k) \tag{5.5}$$

と簡潔に表すことができる。図 5.5 における**ベクトル生成部**（vector generator）は，スカラー入力信号 $x(k)$ から信号ベクトル $\boldsymbol{x}(k)$ を作り出すという意味で，このように名づけた。ただし，図中の D は単位遅延を表しており，ベクトル $\boldsymbol{x}(k)$ の各要素は，$x_i(k) = x(k - i + 1)$, $i = 1, 2, \cdots, L$ と関係づけられる。

図 5.5 からわかるように，FIR フィルタの入出力特性は線形結合器における L 個の荷重係数 $w_1(k)$, $w_2(k)$, $\cdots$, $w_L(k)$ の値によって制御される。そして，フィルタ出力 $y(k)$ はそれらの荷重係数の 1 次関数（線形結合）となっている。このことは，適応フィルタにとってたいへん望ましい性質であり，大半の適応アルゴリズムは，この性質に基づいて，荷重係数の修正，すなわち，フィルタ特性の修正を行っている。

一方，このような性質をもたない例として **IIR 形の適応フィルタ**（IIR adaptive filter）について簡単にふれておく。IIR 形フィルタの出力 $y(k)$ は，a_i, b_j をフィルタ係数とすると

$$y(k) = \sum_{i=1}^{La} a_i y(k - j) + \sum_{j=0}^{Lb} b_j x(k - j) \tag{5.6}$$

と表される。この式より，出力 $y(k)$ は，一見，a_i, b_j の 1 次関数のように考

えられる。しかし，$y(k)$は，時刻k以前のフィルタ出力$y(k-j)$の関数となっており，$y(k-j)$は，a_i, b_jの関数である。したがって，IIRフィルタの出力$y(k)$は，係数a_i, b_jの高次関数となり，図5.5のようなモデル化はできない。その結果，IIR形の適応フィルタに対しては，本書で説明する代表的な適応アルゴリズムが使用できず，複雑なアルゴリズムが要求される[3),11)]。

さて，FIRフィルタの出力は，式(5.5)のように，ベクトル$x(k)$を用いて表すことができる。また，適応部で実行される適応アルゴリズムも，後述するようにベクトル$x(k)$のみを用いて説明することができる。したがって，図5.4に示した適応フィルタの内部構成は**図5.6**に示したようにも表すことができる。そして，ベクトル$x(k)$を入力として，図5.6の太線で囲んだ部分のみを適応フィルタとみなす場合も多い。

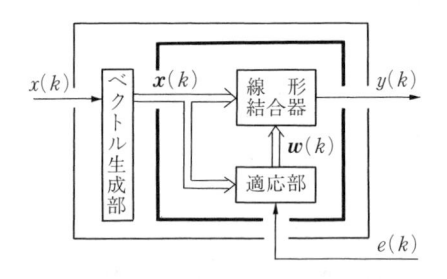

図5.6 ベクトル信号$x(k)$を用いて表した適応フィルタの内部構成

このことを反映させて，以降の説明においては，実際の入力信号$x(k)$ではなく，それをベクトル化した$x(k)$を適応フィルタの入力信号と考えることにする†。そして，$x(k)$を単に"入力"または"入力ベクトル"と呼ぶものとし，$x(k)$を特に区別する必要がある場合には，これを"スカラー入力"と呼ぶことにする。また，荷重係数ベクトル$w(k)$は単に"係数"と呼ぶことにする。なお，今後の説明の中で，ベクトル・行列演算に関する若干の知識が必要となるが，それらについては，付録において簡単な説明を行った。

---

† ベクトル化した信号を入力とみなす利点は，表現の簡潔さと一般性である。例えば，適応フィルタに複数のスカラー信号が入力されている場合であっても，それを一つの線形結合器に対応した一つのベクトル信号にベクトル化すれば，同一の議論やアルゴリズムが適用できる。

5.3 最適フィルタ

本節では,誤差パワーの期待値を最小化する最適(荷重)係数について説明する。その準備としてまず,誤差パワーの期待値,すなわち,**平均2乗誤差**[†1] (mean-squared error) $J(k) = E[e^2(k)]$ と係数との関係を求める。この $J(k)$ のように,"最小にしたい量,最小にすべき量"のことは,評価量とも呼ばれている。

誤差 $e(k)$ は式 (5.1),(5.5) より

$$e(k) = d(k) - \boldsymbol{x}(k)^T \boldsymbol{w}(k) \tag{5.7}$$

と表される。ここで,説明を簡単にするため,信号 $x(k)$ および $d(k)$ が定常(時間によって統計的性質が変化しない)な確率的信号であり,また,各信号の積も定常である場合を考える[†2]。この場合には,$x(k)$ および $d(k)$ に関する期待値は,時間 k に依存しない一定値となる。本書では,このような場合を"信号が定常"な場合と呼ぶことにし,以降特にことわらないかぎり,"信号が定常"であることを仮定する。実際には信号が非定常である場合にも,短い時間区間を考えた場合には,これを定常とみなせる場合が多い。

さて,信号が定常であり,係数は確定的な定数 $\boldsymbol{w}$ であると考える。このとき,平均2乗誤差 $J(k)$ は,

$$\begin{aligned} J(k) &= E[e^2(k)] = E[(d(k) - \boldsymbol{x}(k)^T \boldsymbol{w})^2] \\ &= E[d^2(k) - 2d(k)\boldsymbol{x}(k)^T \boldsymbol{w} + \boldsymbol{w}^T \boldsymbol{x}(k)\boldsymbol{x}(k)^T \boldsymbol{w}] \\ &= P_\mathrm{d} - 2\boldsymbol{p}^T \boldsymbol{w} + \boldsymbol{w}^T \boldsymbol{R} \boldsymbol{w} \end{aligned} \tag{5.8}$$

と表される。ただし

$$P_\mathrm{d} = E[d^2(k)] \tag{5.9}$$

[†1] 本章で「平均」という用語は集合平均を意味するものとする。したがって,平均値と期待値とは同じ意味をもつ。時間的な平均に対しては,「時間平均」と表す。

[†2] 例えば,図5.2に示した系において,$d(k)$ は,$x(k)$ に音響伝達特性 G が付加されたものであるので,$d(k)$ が定常であることは,G が時間によって変化しないことをも意味している。

$$p = E[d(k)x(k)] \tag{5.10}$$
$$R = E[x(k)x(k)^T] \tag{5.11}$$

である.この p は L 次元ベクトルであり,また, R は L 行 L 列の行列で,**入力相関行列** (correlation matrix of the tap inputs) と呼ばれている.式 (5.8) からわかるように,平均2乗誤差 $J(k)$ は w の2次関数となっている.このことは $y(k)$ が w の1次関数であることに起因するものであるが, $J(k)$ を最小化する場合にたいへん有利である.

ここで,その利点を理解するための例として,**誤差曲面** (error surface) について説明する.誤差曲面とは,係数 w を関数として $J(k)$ を表した曲面のことで, $L = 2$ の場合の例を**図5.7**に示した.図 (a) は,これまで説明してきたように, $J(k)$ が係数 $w = [w^1, w^2]^T$ の2次関数である場合を表しており,誤差曲面は,単一の最小値をとる放物面になっている.そして,**最適係数** (optimum coefficient) $w_\circ = [w_{\circ 1}, w_{\circ 2}]^T$ は,図に示したように,この放物面の底 ($J(k)$ の最小値) を与える w_1, w_2 の値として求められる.したがって, $J(k)$ が小さくなる方向に係数 w を修正していけば,必ず $w_\circ$ に近づいていくという重要な性質をもっている.

一方,図 (b) は,5.2節で述べた IIR フィルタの場合のように, $J(k)$ が w の一般的な関数となる例を示している.通常,このような場合, $J(k)$ は最

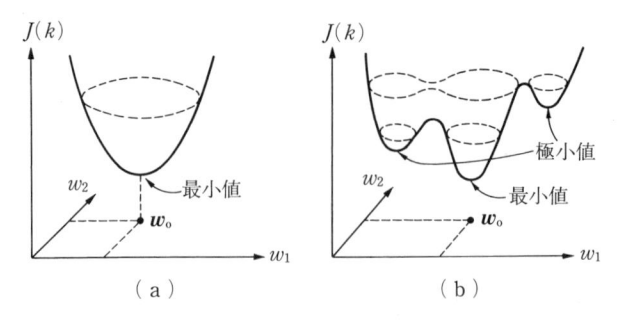

平均2乗誤差 $J(k)$ が係数 w の, (a) 2次関数である場合,
(b) 一般的な関数である場合.

図5.7 誤 差 曲 面

小値以外にも数多くの極小値をもつため，$J(k)$ が小さくなる方向に係数 w を修正したとしても，w_0 に近づいていくとは限らない。

さて，最適係数 w_0 を解析的に求めるためには，平均 2 乗誤差 $J(k)$ を各 w_i で偏微分した結果を 0 とおいたつぎの連立方程式を解けばよい。

$$\frac{\partial J(k)}{\partial w_1} = 0, \quad \frac{\partial J(k)}{\partial w_2} = 0, \quad \cdots, \quad \frac{\partial J(k)}{\partial w_L} = 0 \tag{5.12}$$

この連立方程式は，簡単化のため

$$\frac{\partial J(k)}{\partial \boldsymbol{w}} = \begin{pmatrix} \dfrac{\partial J(k)}{\partial w_1} \\ \dfrac{\partial J(k)}{\partial w_2} \\ \vdots \\ \dfrac{\partial J(k)}{\partial w_L} \end{pmatrix} = 0 \tag{5.13}$$

とベクトル表示を行う。この偏微分を実行すると

$$\frac{\partial J(k)}{\partial \boldsymbol{w}} = -2\boldsymbol{p} + 2\boldsymbol{R}\boldsymbol{w} = 0 \tag{5.14}$$

が得られる。ただし，$\boldsymbol{p}$, $\boldsymbol{R}$ は式 (5.10)，(5.11) で定義したものである。入力相関行列 $\boldsymbol{R}$ が正則であるとき，最適係数 w_0 は，式 (5.14) を解いて

$$\boldsymbol{w}_0 = \boldsymbol{R}^{-1}\boldsymbol{p} \tag{5.15}$$

と求められる。

このように，平均 2 乗誤差を最小とする最適係数は，式 (5.15) のように，解析的な形で表されることがわかった。

この最適係数を図 5.5 に示した線形結合器の係数として与えれば，最適なフィルタ特性が得られる。しかし，式 (5.10)，(5.11) で示した信号の期待値を推定して式 (5.15) を解くことは，演算量が多大となって実時間処理が困難な場合が多い。そこで，適応フィルタは，5.6 節以降に述べる適応アルゴリズムを用いて，この最適係数を近似的に実現していく。

5.4 最小平均2乗誤差と同定モデル

5.3節で示した最適係数を用いると,平均2乗誤差の値は最小になる.本書では,この値を $J_{\min}$ と表し,**最小平均2乗誤差** (minimum mean-squared error) と呼ぶことにする.$J_{\min}$ は,式 (5.15) で表される $\boldsymbol{w}_\circ$ を式 (5.8) の $\boldsymbol{w}$ に代入し,$\boldsymbol{R}$ が対称行列 ($\boldsymbol{R} = \boldsymbol{R}^T$) であるという性質を利用すれば

$$\begin{aligned} J_{\min} &= P_{\mathrm{d}} - 2\boldsymbol{p}^T \boldsymbol{R}^{-1} \boldsymbol{p} + \boldsymbol{p}^T \boldsymbol{R}^{-1} \boldsymbol{R} \boldsymbol{R}^{-1} \boldsymbol{p} \\ &= P_{\mathrm{d}} - \boldsymbol{p}^T \boldsymbol{R}^{-1} \boldsymbol{p} \\ &= P_{\mathrm{d}} - \boldsymbol{p}^T \boldsymbol{w}_\circ \end{aligned} \tag{5.16}$$

と表される.

つぎに,適応アルゴリズムの説明を行っていくうえで有用なモデルについて説明する.まず,次式で信号 $n(k)$ を定義する.

$$n(k) = d(k) - \boldsymbol{x}(k)^T \boldsymbol{w}_\circ \tag{5.17}$$

この式を,式 (5.7) と対比すれば,$n(k)$ は最適係数 $\boldsymbol{w}_\circ$ を用いた場合に得られる誤差信号を表していることがわかる.式 (5.17) を移項すると,所望信号 $d(k)$ は

$$d(k) = \boldsymbol{x}(k)^T \boldsymbol{w}_\circ + n(k) \tag{5.18}$$

と表すことができる.したがって,所望信号 $d(k)$ は,最適係数 $\boldsymbol{w}_\circ$ をもつフィルタに $\boldsymbol{x}(k)$ を入力して得られた出力と,$n(k)$ との和として表せることがわかる.このことを反映させたモデルのブロック図を**図 5.8** に示す.図 5.3 (a) と比較すればわかるように,このモデルは,最適係数 $\boldsymbol{w}_\circ$ を求める適応

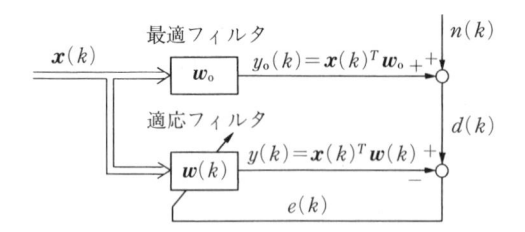

図 5.8 適応フィルタの同定モデル

5.4 最小平均2乗誤差と同定モデル

フィルタの問題を，形式的に，w_o の特性をもった未知系の同定問題として表したものである．適応フィルタの実際の使用形態が図5.3（a）の系とは異なったもの，例えば，図5.3（b），（c）などの系であったとしても，それぞれの系構成における最適係数を用いれば，すべて図5.8のモデルとして表すことができる．本書では，このモデルを**同定モデル**（identification model）と呼ぶことにする．

同定モデルの性質として，① 未知系に相当する w_o と適応フィルタのタップ数は等しい，② $n(k)$ は入力 $x(k)$ と無相関である，③ 同定モデルの雑音に相当する $n(k)$ の2乗平均値 $E[n^2(k)]$ が最小平均2乗誤差 $J_{\min}$ を与える，ことなどがあげられる．

ここで，図5.8における最適フィルタの出力 $y_o(k) = \bm{x}(k)^T\bm{w}_o$ と適応フィルタの出力 $y(k) = \bm{x}(k)^T\bm{w}(k)$ の差の2乗平均 $J_{\mathrm{ex}}(k)$ を考える．

$$J_{\mathrm{ex}}(k) = E[(y_o(k) - y(k))^2] \tag{5.19}$$

そして，上記で説明した同定モデルの性質 ②，③ を用いれば，平均2乗誤差 $J(k) = E[e^2(k)]$ と $J_{\mathrm{ex}}(k)$ はつぎのような関係式として表すことができる．

$$\begin{aligned}J(k) &= E[(d(k) - y(k))^2] = E[(n(k) + y_o(k) - y(k))^2] \\ &= E[n^2(k)] + E[(y_o(k) - y(k))^2] = J_{\min} + J_{\mathrm{ex}}(k)\end{aligned} \tag{5.20}$$

この $J_{\mathrm{ex}}(k)$ は，係数の設定が最適ではないために生じる平均2乗誤差の大きさを表しており，**過剰平均2乗誤差**（excess mean-squared error）と呼ばれている．なお，入力 $x(k)$ が定常であっても，適応フィルタの係数 $\bm{w}(k)$ は時間とともに変化するので，$y(k)$ は非定常な信号となり，その結果，式 (5.19)，(5.20) に示した $y(k)$ に関する期待値，すなわち，$J_{\mathrm{ex}}(k)$ および $J(k)$ は時間 k の関数になっている．

図5.2に示した騒音制御のような応用では，制御点における騒音のパワーを表す平均2乗誤差 $J(k)$ の値そのものが重要である．したがって，$J_{\mathrm{ex}}(k)$ の値が $J_{\min}$ より小さくなり式 (5.20) において $J(k) \simeq J_{\min}$ とみなせればそれ以上 $J_{\mathrm{ex}}(k)$ を小さくすることの効果は小さい．しかし，システム同定などの応用では，$J_{\mathrm{ex}}(k)$ の値が係数の同定誤差の大きさを反映している．したがって，その

ような応用においては，$J(k)$ の値から $J_{\min}$ の値を差し引いた，過剰平均2乗誤差 $J_{\mathrm{ex}}(k) = J(k) - J_{\min}$ の値を小さくすることが重要な意味をもつ．

5.5 適応フィルタ利用上の注意点

実際のシステムに適応フィルタを適用してみたが，思ったようには誤差パワー（平均2乗誤差）が低下しない，という場合には，二つの要因が考えられる．第1は適応アルゴリズムの選択やアルゴリズム上のパラメータ設定が不適切であった場合，第2は最小平均2乗誤差 $J_{\min}$ の値が大きい場合である．本節では，後者の原因と対処法について簡単に説明する．

最小平均2乗誤差 $J_{\min}$ の値が大きくなる第1の原因としては，所望信号 $d(k)$ と入力ベクトル $\boldsymbol{x}(k)$ の間の相関が小さい場合があげられる．この場合には，所望信号 $d(k)$ と似ていない信号 $\boldsymbol{x}(k)$ を用いて $d(k)$ に近い信号を作ろうとするわけであるから，誤差は小さくならない．具体例としては，$d(k)$ と $\boldsymbol{x}(k)$ の主要成分が同一の信号源から生じた信号とはみなせない場合や，$d(k)$ と $\boldsymbol{x}(k)$ が同一の信号源からの信号であっても，それらの間に大きな時間差がある場合などがあげられる．

第2の原因としては，適応フィルタのもつべき特性が逆フィルタ特性を含む場合があげられる．逆フィルタの特性は，近似的にも実現不可能であったり，また，実現するためには大きなタップ数を必要としたりする場合も多く，その結果，$J_{\min}$ の値を大きなものにしてしまう．

第3の原因としては，適応フィルタの出力 $y(k)$ が直接に所望信号 $d(k)$ との差演算に供給されない場合があげられる．例えば，図5.2の騒音制御系において，適応フィルタの出力から消去点Pまでの伝達特性が無視できない場合がこれに相当する．

さて，式 (5.9), (5.10), (5.11), (5.15), (5.16) からわかるように，最小平均2乗誤差 $J_{\min}$ の値は，所望信号 $d(k)$ と入力 $\boldsymbol{x}(k)$，およびタップ数 L（ベクトルの次元）によって決定される．したがって，$J_{\min}$ が大きくなるとい

5.5 適応フィルタ利用上の注意点

う問題を改善するためには，$d(k)$ や $x(k)$ の与え方に工夫をしたり，タップ数を大きくすることが必要である。

例えば，$x(k)$ がマイクロホンで受音された信号であり，$d(k)$ と $x(k)$ の相関が低いという上記第1の原因が考えられる場合には，マイクロホンの設置位置を適切にしたり，マイクロホン出力に遅延を付加するなどの対処方法が考えられる。また，騒音源が複数とみなせる場合には，複数のマイクロホンを用いた複数入力の FIR フィルタの使用が有効である。このような $x(k)$ の与え方に関する一般論はなく，J_{min} の値を調べながら，$x(k)$ の与え方を変化させ，試行錯誤的に決定する場合が多い。なお，J_{min} の値の求め方としては，式 (5.16) より求めることも可能ではあるが，実際に適応フィルタを動作させ，収束したあとの2乗誤差の時間平均値を J_{min} の推定値とする方法が現実的である。

適応フィルタが逆特性を含むという第2の原因が考えられる場合には，例えば，図5.3（b）に示したように，$d(k)$ を遅延させることが一つの有効な対処方法である。また，図5.3（b）の未知系がアナログ系であって，その系への入出力に D-A/A-D 変換が行われる場合には，それらに付随した折り返し防止用の低域通過フィルタの特性 G_L が付加される。その結果，適応フィルタはその低域通過フィルタの逆特性をも実現しなければならず，J_{min} は増加してしまう。このような場合の対処法としては，**図5.9** に示したように，$d(k)$ に対しても低域フィルタの特性 G_L を付加することが有効である。また，タップ数を増やすことも，逆フィルタを含む場合には有効な対処法となる。

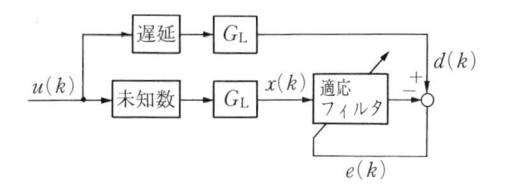

図5.9 低減フィルタ特性 G_L を含む場合の逆フィルタリング

つぎに，上記第3の原因に対処する方法を**図5.10**の例を用いて説明する。図（a）において，適応フィルタの出力 $y(k)$ は G_1 という特性を経て $d(k)$ との差演算に供給されており，式 (5.7) の関係式が成立しない。したがって，

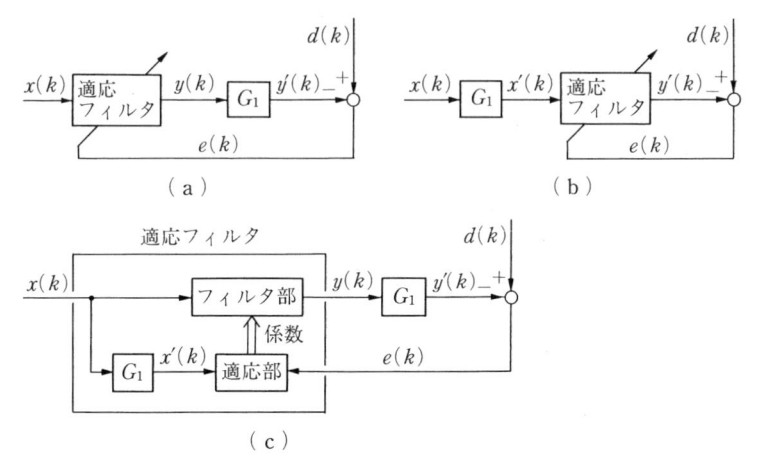

図 5.10　filtered-x 法の考え方

このまま適応フィルタを動作させても良好な結果は得られない。そこで，これを図（b）の系に置き換えて適応アルゴリズムを動作させることを考える。図（b）の系では，スカラー入力 $x(k)$ に G_1 の特性を付加した信号 $x'(k)$ を新たなスカラー入力信号とみなし，適応フィルタの出力 $y'(k)$ は直接，差演算に供給されている。その結果，図（b）の構成は，これまでみてきた適応フィルタの基本的構成をなしている。したがって，この構成においては，誤差パワーを最小とする最適特性を得ることが可能である。そして，適応フィルタの特性が一定値である場合には，G_1 と適応フィルタの順序を入れ換えても $x(k)$ と $y'(k)$ の関係は変わらないので，図（b）で得られた最適特性は図（a）に対しても最適特性となっている。

しかし，通常は，G_1 と適応フィルタの順序を入れ換えることは不可能な場合が多い。そこで，図（c）に示したように，特性 G_1 をあらかじめ計測し，スカラー入力信号 $x(k)$ を，特性 G_1 をもつフィルタに通して信号 $x'(k)$ を合成して，適応アルゴリズムのみを図（b）と等価な系で動作させるという方法が用いられている。この方法は，G_1 でフィルタリングされた $x(k)$ を使用するという意味で，**filtered-x 法**と呼ばれている[†]。

以上，適応フィルタが所望の効果を発揮できない場合について簡単に説明し

てきた。同様なことは，系が非線形を含むものであったり，最適特性の時間変動が激しい場合などにも発生するし，また，対処方法も応用に依存した多様な方法が考えられる[24]。それらの詳細は省略するが，入力 $x(k)$ や所望信号 $d(k)$ およびタップ数 L の与え方によって，適応フィルタの性能が大きく変化するということには留意する必要がある。

5.6 適応アルゴリズム

本節では，**適応アルゴリズム**の説明を行っていくうえで基本的な事柄について概説する。

適応アルゴリズムとは，各時刻において観測される入力 $x(k)$ と誤差 $e(k)$ に基づいて，係数 $w(k)$ を最適係数 $w_\circ$ に近づけていく修正手順である。図 5.11 に係数が修正されていく様子を概念図で示した。適応フィルタの動作開始時刻 $k=0$ において，係数には適当な初期値（例えば，$w(0)=0$）が与えられる。適応アルゴリズムは各時刻 k において，次式に示すように，係数 $w(k)$ を $w(k+1)$ に修正し，少しずつ最適係数に近づけていく。

図 5.11　係数修正動作の概念図

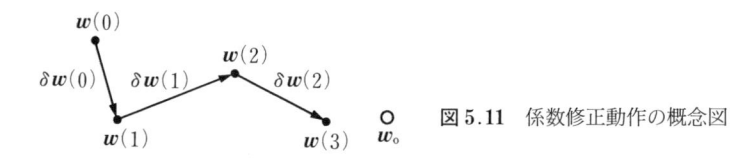

$$w(k+1) = w(k) + \delta w(k) \tag{5.21}$$

上式において，$\delta w(k)$ は L 次のベクトルであり，本書ではこれを**修正ベクトル**と呼ぶ。また，アルゴリズムによっては，修正量の大きさを制御するためのスカラー量 μ を導入して

$$w(k+1) = w(k) + \mu \cdot \delta w(k) \tag{5.22}$$

前頁の† 使用される適応アルゴリズムと組み合わせて，例えば，"filtered-x LMS アルゴリズム"などと呼ばれる。

と表す場合もある．この μ は時間 k によらない一定値で，**ステップサイズ** (step size) と呼ばれている[†]。

さて，式 (5.21)，(5.22) の係数修正は，時刻 k において観測される入力 $x(k)$ と誤差 $e(k)$ に基づいて，またアルゴリズムによっては，それまでに観測された入力 $x(k-1)$, $x(k-2)$, … と誤差 $e(k-1)$, $e(k-2)$, … にも基づいて行われる。そして，計算された $w(k+1)$ と $x(k+1)$, および $d(k+1)$ に基づいて，時刻 $k+1$ の誤差 $e(k+1)$ が次式のように決定される。

$$e(k+1) = d(k+1) - x(k+1)^T w(k+1) \tag{5.23}$$

以上の関係を**図 5.12** に示した。図よりわかるように，式(5.21)または式(5.22) の修正は，厳密にいえば，時刻 k と $k+1$ の間において行われるものであるが，本書ではこれを"時刻 k における修正"と呼ぶことにする。ただし，システム同定という観点から書かれた書物やアルゴリズムでは，時刻 k において修正された係数を $w(k+1)$ ではなく，$w(k)$ と表す場合が多く，その場合には式 (5.21)，(5.22) の $w(k+1)$ が $w(k)$ に，$w(k)$ が $w(k-1)$ と表されている。

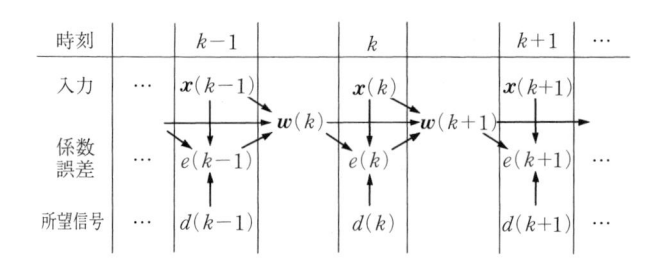

図 5.12　係数修正の時間的関係

以上説明してきたことに基づいて，適応アルゴリズムの一般的な手順は以下のようなものとなる。

① 時刻 $k=0$ として，初期値 $w(0)$ を設定する。

[†] そのほかにも，緩和係数，修正係数，adaptation constant, adaptive gain constant など文献によってさまざまな名称で呼ばれている。また，一部のアルゴリズムでは μ を時変とする場合もある。

② 時刻 k における誤差 $e(k)$ を次式により計算する。

$$e(k) = d(k) - \boldsymbol{x}(k)^T \boldsymbol{w}(k)$$

③ 修正ベクトル $\delta \boldsymbol{w}(k)$ を計算し，式 (5.21) または式 (5.22) に基づいて，$\boldsymbol{w}(k+1)$ を計算する。

④ k の値を一つ増やして上記 ② ③ を繰り返す。

このうち ② の手順については，適応フィルタは $\boldsymbol{w}(k)^T \boldsymbol{w}(k) = y(k)$ だけを計算し，$e(k)$ は外部の系により計算される場合も多い（例えば，図 5.2 の系）。しかし，シミュレーションの場合や，システムの構成によって $d(k)$ だけが与えられる場合には $e(k)$ を計算によって求める必要がある。また，上記の手順のうち，① ② ④ については各アルゴリズム共通の手順である。そこで次節以降の説明においては，特にことわらないかぎり上記 ③ の手順だけを紹介し，それを適応アルゴリズムと呼ぶことにする。

適応アルゴリズムは，修正ベクトル $\delta \boldsymbol{w}(k)$ を計算するさいに，どの程度までさかのぼって過去の入力および誤差の情報を利用するかという点から分類することができる。修正直前の入力 $\boldsymbol{x}(k)$ と誤差 $e(k)$ のみを用いる手法としては，LMS アルゴリズム，学習同定法などが知られている。また，タップ数を L として，L 個以下の過去の信号を利用する方法として射影アルゴリズムが知られ，過去のすべての信号に重みをつけて利用する方法として RLS アルゴリズムなどが知られている。次節以降，これらについて説明していく。

5.7 LMS アルゴリズム

LMS (least-mean-square) アルゴリズムは，Widrow と Hoff によって考案されたアルゴリズム[12]である。このアルゴリズムの特長は，現存する適応アルゴリズムのなかで，最も簡潔で，演算量が少ないという点である。一方，このアルゴリズムの欠点としては，収束速度が遅いこと，収束特性が入力信号の大きさに依存することなどがあげられる。

5.7.1 最急降下法

まず最初に，LMS法を説明すための準備として，**最急降下法**（method of steepest-descent）について説明する。

5.3節で説明したように，適応フィルタの平均2乗誤差 $J(k)$ は係数 w の2次関数となっており，誤差曲面は図5.7（a）に示したように放物面として表される。そして，最適フィルタ w_0 は，$J(k)$ の最小値（放物面の底）を与える係数 w の値として求められる。最急降下法とは，このような誤差曲面の性質を利用して，式（5.15）に示した逆行列演算を行う代わりに，繰返し算法により w_0 を求める数値計算の手法である。繰返し算法とは，未知数に初期値を与え，これに対して修正を繰り返すことにより真の解に収束させる方法である。

最急降下法において，係数 w_j を w_{j+1} に修正する第 j 回目の修正は，次式に従って行われる。

$$w_{j+1} = w_j + \mu(-\varDelta_j) \tag{5.24}$$

ただし，μ は正のスカラー量，$\varDelta_j$ は w_j の点での誤差曲面の勾配の方向（誤差曲面が最も急に上昇している方向）と勾配の大きさを表すベクトルである。曲面の勾配は，座標 w_j における各方向に対する偏微分値として与えられるので，式（5.8）の関係を用いれば

$$\varDelta_j = \left.\frac{\partial J(k)}{\partial w}\right|_{w=w_j} = -2p + 2Rw_j \tag{5.25}$$

と計算される。なお，式（5.24），（5.25）からわかるように，最急降下法の修正は信号の観測時間 k には依存しないため，修正回数を表す変数 j は，k とは独立な変数となっている。

式（5.24）は，座標 w_j において誤差曲面が最も急に下降している方向 $-\varDelta_j$（負の勾配ベクトル方向）に w_j を修正して w_{j+1} とすることを表しており，これより，最急降下法の名が付けられている。また，$\varDelta_j$ は勾配の大きさも表しているため，修正が進んで，$w_j = w_0$ となれば，$p = Rw_0$ の関係と式（5.25）より，$-\varDelta_j$ は零となって，修正動作は停止する。このような最急降下法の修正動作は，放物面上の任意の点にボールを置けば，低い方向に転がっていっ

て，最低地点で停止するという動作にたとえることができる．

さて通常の場合，式 (5.25) に含まれる期待値 p, R の値は知ることはできないため，最急降下法を適応アルゴリズムとして採用することはできない．しかし，この最急降下法を近似的に実現したものが，LMS アルゴリズムと考えることができる．

5.7.2 LMS アルゴリズム

最初に，式 (5.25) とは異なった勾配ベクトル $\varDelta_j$ の表現を導く．係数の値が w_j であるものとし，そのときの誤差 $e_j(k)$ は，希望信号 $d(k)$，入力 $x(k)$ を用いて

$$e_j(k) = d(k) - x(k)^T w_j \tag{5.26}$$

と表される．これより，$d(k)$ を

$$d(k) = e_j(k) + x(k)^T w_j \tag{5.27}$$

と表し，この関係を p の定義式 (5.10) に代入すると

$$p = E[(e_j(k) + x(k)^T w_j)x(k)] = E[e_j(k)x(k)]Rw_j \tag{5.28}$$

となる．これを式 (5.25) に代入すれば，勾配ベクトルの 2 番目の表現

$$\varDelta_j = -2E[e_j(k)x(k)] \tag{5.29}$$

が得られる．この勾配ベクトルの表現を用いれば，最急降下法は以下の二つの計算を繰り返すものとなる．

$$e_j(k) = d(k) - x(k)^T w_j \tag{5.30}$$

$$w_{j+1} = w_j + 2\mu E[e_j(k)x(k)] \tag{5.31}$$

なお，この繰返しは j に関する繰返しであり，式 (5.31) で得られた w_{j+1} は，式 (5.30) の w_j に代入され，$e_{j+1}(k)$ が計算される．

さて，信号が定常であれば，有限個の信号データを用いた時間平均値を，期待値の推定値とすることが可能である．そこで，式 (5.31) における期待値を，時刻 k 以前の K 個の信号データの平均値に置き換えると，次式のような w の修正式が得られる．

174   5. 適応フィルタ

$$w_{j+1} = w_j + 2\mu \frac{1}{K}\sum_{m=0}^{K-1} e_j(k-m)x(k-m) \quad (5.32)$$

式 (5.32) を係数の修正式とするアルゴリズムはブロック LMS アルゴリズム[5]と呼ばれている。係数 w の修正は，平均をとるために使用したデータブロック長 K ごとに 1 回修正を行うことが通常である。

さて，本節の主題である LMS アルゴリズムとは，式 (5.32) の K を 1 としたもので，その係数修正式は次式で表される。

LMS アルゴリズム

$$w(k+1) = w(k) + 2\mu e(k)x(k) \quad (5.33)$$

ただし，係数 w の修正は各時刻ごとに行われるので，修正の回数を表すパラメータ j は時刻 k と一致させ，w_j を $w(k)$ と表した。また，スカラー量 μ はステップサイズである。式 (5.31) と式 (5.33) を比較すればわかるように，LMS アルゴリズムは，本来，期待値 $E[e(k)x(k)]$ として求めるべき勾配ベクトル Δ_k を，瞬時値 $e(k)x(k)$ で置き換えたものと考えることができる。

このように，LMS アルゴリズムの係数修正式はきわめて簡潔な形となっており，現在の代表的適応アルゴリズムの中では，演算量最小のものとなっている。

5.7.3 LMS アルゴリズムの収束過程

ここでは，タップ数が 2 の場合を例として，LMS アルゴリズムによる係数修正の様子を概観する。図 5.13 は，係数の収束過程の一例を示したもので，図の横軸は係数ベクトル w の第 1 要素 w_1 を，縦軸は第 2 要素 w_2 を表している。図中の楕円は，平均 2 乗誤差 J の等高線を表しており，最適係数値 w_0 の位置が谷底（J の最小値）となっている。この図を立体的に描くと図 5.7 (a) のようになっている。初期値を $w(0) = 0$，すなわち，図の原点として，各時刻の修正によって得られる係数 $w(k)$ の位置を連続的にプロットした。図 (a) は，ステップサイズ μ の値が小さい場合，図 (b) は μ の値が比較的大

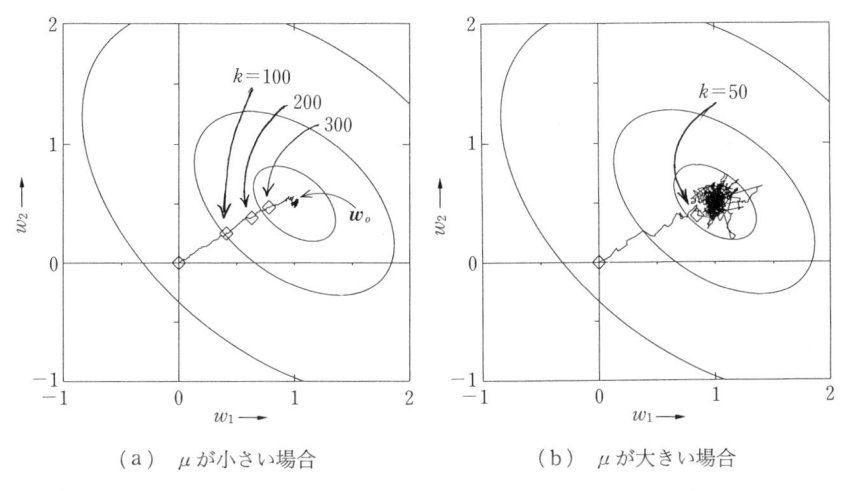

(a) μ が小さい場合　　　(b) μ が大きい場合

図 5.13　LMS アルゴリズムによる係数収束の様子

きい場合の結果を示している。

一方，**図 5.14** は，横軸を時間 k として，平均 2 乗誤差 $J(k) = E[e^2(k)]$ の収束の様子を表した図で，アルゴリズムの**学習曲線** (learning curve) と呼ばれている。厳密な意味で，2 乗誤差 $e^2(k)$ の期待値を求めるためには，異なった入力信号に対する適応動作を無限回繰り返して，得られた 2 乗誤差を平均化（集合平均）する必要がある。しかし，現実的には，適当な数だけ繰り返して得られた 2 乗誤差曲線を求めて平均化したり，また，それをさらに時間方向に平均化して学習曲線を求める場合が多い。ただし，繰返し平均の数が少ないと，本来滑らかな曲線が大きく変動したり，また，時間平均を行った場合には

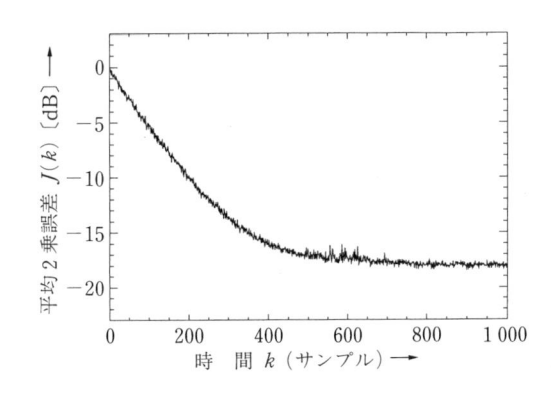

1 000 個の収束曲線を集合平均したもの

図 5.14　学習曲線の例

時間分解能が低下する。

図 5.14 は，ステップサイズ μ を図 5.13（a）の場合と同じとして，1 000 回の試行を平均化して得られた学習曲線である。なお，学習曲線の縦軸は，係数 w が零のときの値を基準（0 dB）として表すことが通常である。

これらの図より，以下のことがわかる。

① 係数 $w(k)$ は修正が進むと最適値 $w_\circ$ に近づくが，$w_\circ$ の周りで揺らぎを生じる。したがって，平均2乗誤差の定常値 $J(\infty)$（十分修正を繰り返したあとの平均2乗誤差）は，最小平均2乗誤差 $J_{\min}$ より若干大きなものとなる。以降，「**収束**（convergence）した」という状態は，平均2乗誤差 $J(k)$ が，時間 k によらず，ほぼ一定値になった状態をさすものとする。

② μ の値が大きいほど，収束速度は早い。図 5.13（b）では，100 回の修正を繰り返した点は，$w_\circ$ の近く（揺らぎの曲線の中）にあり，適応は収束している。一方，μ の値の小さい図 5.13（a）では，適応が収束して係数が $w_\circ$ に近い値となるまでには数百回の修正が必要である。

③ 図 5.13（a）と図 5.13（b）の比較より，μ の値が大きいほど定常誤差は大きいことがわかる。また，μ の値が大きすぎる場合には $J(\infty)$ が発散し，アルゴリズムは収束しなくなる。

以上のことから，アルゴリズムの収束過程の大まかな様子はわかった。つぎに知りたいことは，アルゴリズムが収束するための条件，収束の早さ，定常誤差の大きさ，などの収束特性に関する定量的な性質である。ただし，平均2乗誤差の収束理論はたいへん複雑であるので，本書では，理論解析によって得られた主要な結果のみを以下に示す。

5.7.4 収 束 特 性

LMS アルゴリズムの収束特性はステップサイズ μ の値および入力相関行列 R（式 (5.11)）の固有値 λ_i，$i = 1, 2, \cdots, M$ と密接に関連している。ここでは，μ の値が λ_i の逆数より十分に小さくて，$\mu\lambda_i \ll 1$ の関係が成立し，$(1 - \mu\lambda_i) \fallingdotseq 1$ と近似できる場合の結果を示す。実用上の多くの場合において，この

近似は成立する。

なお，文献によっては，式 (5.33) の修正項の定数が，「2μ」と表される代わりに，「μ」と表されている場合がある。その場合には，以下の数式中の「μ」を「$\mu/2$」と置き換える必要があることに注意されたい。また，文献によっては，タップ数が「L」ではなく「$L+1$」となっている場合もあるので留意されたい。

〔1〕 収 束 条 件

時間 k の経過とともに平均2乗誤差が収束するためには，μ が以下の条件を満足する必要がある。

$$0 < \mu < \frac{1}{P_\mathrm{T}} \tag{5.34}$$

ただし，P_T は次式で定義される入力ベクトル $\boldsymbol{x}(k)$ の**パワー** (total input power) を表しており，相関行列 $\boldsymbol{R}$ の固有値の総和と一致する。

$$P_\mathrm{T} = E[\boldsymbol{x}(k)^T \boldsymbol{x}(k)] = \sum_{i=1}^{L} \lambda_i \tag{5.35}$$

また，この P_T と FIR フィルタへのスカラー入力 $x(k)$ のパワー $E[x^2(k)]$ とは，タップ数 L を用いて，$P_\mathrm{T} = L \cdot E[x^2(k)]$ と関係づけられる。

〔2〕 収 束 速 度

LMS アルゴリズムの平均2乗誤差 $J(k)$ は，時間とともに J_min に近づいていくが，その収束過程を表した学習曲線は，複数の減衰率をもつ指数曲線の和となっている。各指数曲線がもつ時定数（平均2乗誤差の値が $1/e$ となり，約 4.3 dB 減衰するのに要する修正回数）を τ_i と表すと，τ_i は入力相関行列 $\boldsymbol{R}$ の各固有値 λ_i に依存しており

$$\tau_i \fallingdotseq \frac{1}{4\mu\lambda_i} \tag{5.36}$$

と近似的に表すことができる。さらに，固有値の平均値 $\sum \lambda_i / L$ に対応する単一の指数曲線で，学習曲線をおおまかに近似することを考える。そのとき，平均的時定数 τ_av は

$$\tau_{\mathrm{av}} \fallingdotseq \frac{1}{4\mu(\sum \lambda_i/L)} = \frac{L}{4\mu P_{\mathrm{T}}} \tag{5.37}$$

と表すことができる。

これより,収束速度の時定数は $1/\mu$ に比例しており,μ を大きくすれば時定数は小さくなって,収束速度は早くなることがわかる。

〔3〕 定 常 誤 差

LMS アルゴリズムの定常状態における平均 2 乗誤差 $J(\infty)$,過剰平均 2 乗誤差 $J_{\mathrm{ex}}(\infty)$,および,それを $J_{\min}$ で正規化した**誤調整** (misadjustment) M は,それぞれ

$$J(\infty) \fallingdotseq (1 + \mu P_{\mathrm{T}}) J_{\min} \tag{5.38}$$

$$J_{\mathrm{ex}}(\infty) = J(\infty) - J_{\min} \fallingdotseq \mu P_{\mathrm{T}} J_{\min} \tag{5.39}$$

$$M = \frac{J_{\mathrm{ex}}}{J_{\min}} \fallingdotseq \mu P_{\mathrm{T}} \tag{5.40}$$

と近似的に表すことができる。

これより,μ を小さくすれば定常的な誤差を表す量である $J(\infty)$,$J_{\mathrm{ex}}(\infty)$,および M は小さくなることがわかる。特に,$J_{\mathrm{ex}}(\infty)$ および M の値は μ に比例しており,μ を小さくすることで,これらの値を任意に小さくすることができる。

以上に説明した収束特性の理論的結果は,各時刻の入力ベクトル $\boldsymbol{x}(k)$,$\boldsymbol{x}(k-1)$,$\boldsymbol{x}(k-2)$,… が統計的に独立であること,係数 $\boldsymbol{w}(k)$ が時刻 k 以前の入力および希望信号と独立なことなどの仮定に基づいて得られたものである[1]。これらの仮定は,必ずしも現実と一致したものではないが,上記の結果は,LMS アルゴリズムの収束特性の振舞いに対する 1 次近似としては有効なものであると考えられている。

5.7.5 収束特性と μ の関係

5.7.4項で説明したように,収束速度と定常誤差はトレードオフの関係をもち,スッテプサイズ μ は,その関係を制御するパラメータとなっている。例

えば，μを大きく定めれば，アルゴリズムの収束は早くなる反面，定常誤差が増加する．また，μを小さく定めれば，定常誤差が小さくなる反面，収束速度は遅くなる．しかし，式 (5.34), (5.37)～(5.40) などで表した収束特性は，μの値のみではなく，P_Tの値にも依存している．したがって，μの値が一定であったとしても，入力の大きさが変化し，それに伴ってP_Tの値が変化すれば，LMSアルゴリズムの収束特性は変化してしまうことがわかる．このことは，LMSアルゴリズムの欠点の一つと考えられている．

さて，ステップサイズμの値の設定するとき，アルゴリズムを安定に動作させるための条件である式(5.34)を満たす必要があるが，そのためにはP_Tの値を予測する必要がある．μの設定値としては，P_Tが正確に予測される場合には $(1/10)\, P_T$ 程度の値が，予測精度が低い場合には安定性を確保するために $(1/100)\, P_T$～$(1/1\,000)\, P_T$ 程度の値が通常選ばれている[3]．このように，P_Tの予測精度が低い場合には，μの値を十分に小さく設定する必要があり，その結果，収束速度が低下するという問題点が生じる．所望の収束特性を満たすようなμの最適値を理論的に求めることは難しく，実際的には試行錯誤で決定する場合が多い．

5.8 学習同定法

学習同定法 (normalized LMS algorithm) は，野田，南雲によって提案されたアルゴリズムである[13],[14]．このアルゴリズムをLMSアルゴリズムと比較したとき，演算量は多少増加するが，入力信号の大きさによって収束特性が変化するという問題点がなく，扱いやすいアルゴリズムとなっている．そのため，入力信号の大きさが時間的に変動するような場合には，主としてこのアルゴリズムが使用されている．

5.8.1 学習同定法

最初に，学習同定法の動作原理を説明し，アルゴリズムを導く．5.4節で示

した同定モデルの（図 5.8）（164 ページ）を参照されたい。この図において，雑音 $n(k)$ が十分小さいものと仮定する。このとき，$d(k)$ は最適フィルタに $x(k)$ を入力したときの出力と考えることができる。そこで，適応フィルタも，$x(k)$ を入力したときの出力が $d(k)$ となるように係数を修正する，というのが学習同定法の基本的考え方である。すなわち，修正後の係数 $w(k+1)$ が次式の関係を満たすように係数を修正する。

$$x(k)^T w(k+1) = d(k) \tag{5.41}$$

時刻 k における係数の修正式が

$$w(k+1) = w(k) + \delta w(k) \tag{5.42}$$

と表されるものとし，式 (5.42) を式 (5.41) に代入して整理すると

$$x(k)^T \delta w(k) = d(k) - x(k)^T w(k) = e(k) \tag{5.43}$$

が得られる。これより，学習同定法の修正ベクトル $\delta w(k)$ は，式 (5.43) を満たすように決定される。

しかし，式 (5.43) は，未知数（$\delta w(k)$ の要素 $\delta w_i(k)$, $i=1,\cdots,L$）が L 個であるのに対して，満たすべき方程式の数は 1 個であるため，その解は無数に存在する。そこで，学習同定法では，式 (5.43) を満たす解のなかで，修正量の大きさ，$\|\delta w(k)\|^2$ が最小となるものを選び出す。このような条件を満たす $\delta w(k)$ は，次式のように求められる（付録 2 の式 (A.9), (A.10) において，$A = x(k)^T$, $b = e(k)$, $x = \delta w(k)$ とおき，$x(k)^T x(k) = \|x(k)\|^2$ がスカラー量であることより得られる）。

$$\delta w(k) = \frac{e(k) x(k)}{\|x(k)\|^2} \tag{5.44}$$

ここで，修正の大きさを制御するステップサイズ α を導入し，また，入力 $x(k)$ が零のとき，式 (5.44) の分母項が零になって，アルゴリズムが発散することを防ぐためのパラメータ β を導入して，学習同定法の修正式は次式のように表される。

5.8 学習同定法

学習同定法
$$w(k+1) = w(k) + \frac{\alpha e(k)x(k)}{\beta + \|x(k)\|^2} \quad (5.45)$$

ただし，β の値は，通常，十分小さな値に設定するので，以下では $\beta = 0$ と考えて説明を行う．

5.8.2 学習同定法の幾何学的説明

図 5.8 の同定モデルを用いれば，誤差信号 $e(k)$ は次式のように表される．
$$e(k) = d(k) - y(k) = x(k)^T w_\circ + n(k) - x(k)^T w(k)$$
$$= x(k)^T(w_\circ - w(k)) + n(k) \quad (5.46)$$

ここで，この式の右辺第 2 項 $n(k)$ が，第 1 項 $x(k)^T(w_\circ - w(k))$ に比べて無視できるほど小さいと仮定する．5.4 節で述べたように，第 1 項の 2 乗期待値は過剰平均 2 乗誤差 $J_{\mathrm{ex}}(k)$ であり，第 2 項の 2 乗期待値は最小平均 2 乗誤差 $J_{\min}$ である．したがって，この仮定は，$J_{\mathrm{ex}}(k) \gg J_{\min}$ の関係が満たされるような収束過程の途中においては成立する．式 (5.46) で $n(k) = 0$ とおいて，これを $\beta = 0$ とした式 (5.45) に代入すれば

$$w(k+1) = w(k) + \alpha \delta w(k) \quad (5.47)$$
$$\delta w(k) = \frac{x(k)x(k)^T}{\|x(k)\|^2}(w_\circ - w(k)) \quad (5.48)$$

が得られる．

ここでは，まず，$\alpha = 1$ の場合を考える．この式 (5.48) に含まれる $x(k)x(k)^T/\|x(k)\|^2$ は $x(k)$ への**射影演算子** (projection operator) を表している．したがって，$\delta w(k)$ は，ベクトル $(w_\circ - w(k))$ をベクトル $x(k)$ 上へ射影したベクトル，いい換えると，ベクトル $(w_\circ - w(k))$ がもつ $x(k)$ 方向の成分を表している．

この関係を**図 5.15** に示した．図において，O は座標原点を，ベクトル $\overrightarrow{OO'}$ は時刻 k における係数ベクトル $w(k)$ を，$\overrightarrow{OA}$ は最適係数ベクトル $w_\circ$ を，

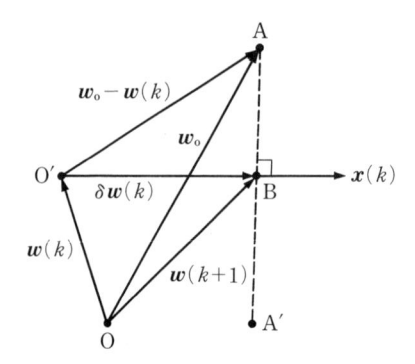

図5.15 学習同定法の幾何学的説明

$\overrightarrow{O'A}$ は $(w_\circ - w(k))$ を，それぞれ表している．また，ベクトル $x(k)$ は始点を O′ として表している．このとき，$(w_\circ - w(k))$ をベクトル $x(k)$ 上へ射影したベクトル $\delta w(k)$ は，点 A から $x(k)$ 上に垂線を降ろした点を B とすれば，ベクトル $\overrightarrow{O'B}$ として与えられる．そして，$w(k+1)$ は $w(k)$ と $\delta w(k)$ の和，ベクトル $\overrightarrow{OB}$ として与えられる[16]．

さて，$n(k)$ が無視できるとの仮定より，$d(k) = x(k)^T w_\circ$ の関係を得，これを式 (5.41) に代入すれば

$$x(k)^T(w_\circ - (w(k+1))) = 0 \tag{5.49}$$

の関係が得られる．したがって，式 (5.41) の条件は，ベクトル $(w_\circ - w(k+1))$ が $x(k)$ と直交するという条件である．図において，$(w_\circ - w(k+1))$ はベクトル $\overrightarrow{BA}$ となるので，この直交条件を満たしていることがわかる．

逆に，この直交条件を満たすためには，$w(k+1)$ を表す点が，図の AB を含む直線上の点となるように，$\delta w(k)$ を選べばよい．そして，ベクトル $\overrightarrow{O'B}$ は，それらの中で，$\delta w(k)$ の長さが最小のものであることが理解できる．また，図中では最適フィルタの位置が A 点と明示されているが，実際には線分 $\overrightarrow{AB}$ を含む直線上のどの位置にあるかは不明であり，例えば，図中 A′ 点の位置にあるかもしれない．このような状況において，$\delta w(k)$ を $\overrightarrow{O'B}$ と選ぶこと，すなわち，$\|\delta w(k)\|^2$ を最小となるように選ぶことは妥当なものと考えられる．

ここで，ステップサイズ α を $-1, 0, 1, 2, 3$ として得られる $w(k+1)$

($= \bm{w}(k) + \alpha\delta\bm{w}(k)$) を図 5.16 に $\overrightarrow{OB_{-1}}$, …, $\overrightarrow{OB_3}$ として示した。図 5.16 の B_0 点,B_1 点は,それぞれ図 5.15 の O' 点,B 点に対応している。図より,$0 < \alpha < 2$ の範囲であれば,修正前の係数誤差の大きさ $\|\bm{w}_\circ - \bm{w}(k)\|$ (線分 $\overline{B_0 A}$ の長さ) より修正後の係数誤差の大きさ $\|\bm{w}_\circ - \bm{w}(k+1)\|$ (線分 $\overline{B_1 A}$ などの長さ) は小さくなり,学習同定法が収束していくことがわかる。

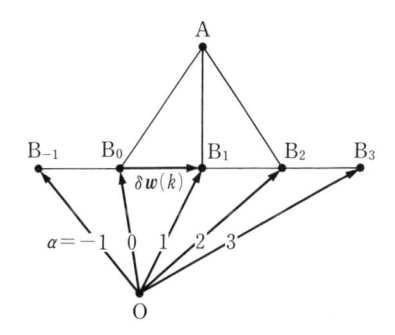

図 5.16 ステップサイズ α と $\bm{w}(k+1)$ の関係

また,図 5.16 において,α を 1 と選んで,ベクトル $\overrightarrow{OB_1}$ が $\bm{w}(k+1)$ となるようにすれば係数誤差 $\|\bm{w}_\circ - \bm{w}(k+1)\|$ の長さは最小となる。このことは多くの場合に $\alpha = 1$ 付近で最高の収束速度が得られる理由[†1]となっている。

5.8.3 収 束 特 性

学習同定法の収束特性の理論解析は LMS アルゴリズムよりもさらに複雑なものとなる。したがって,解析結果の多くは,いくつかの仮定や近似のもとで得られたものである。以下に,代表的な結果を紹介する[†2]。

まず,同定モデルにおいて,FIR フィルタへのスカラー入力 $x(k)$ が白色雑音であると仮定する。また,入力ベクトル $\bm{x}(k)$,雑音 $n(k)$,係数 $\bm{w}(k)$ はそれぞれ統計的に独立であると仮定する。このとき,時刻 $k+1$ における過剰平均 2 乗誤差 $J_{\text{ex}}(k+1)$ の値は,次の漸化式により表される。

[†1] 1 回の修正で係数誤差を最小とする α の値と,複数の修正を行った結果の係数誤差を最小にする α の値は,必ずしも一致しない。したがって,学習同定法の収束速度は,必ずしも $\alpha = 1$ で最高とはならない。

[†2] この結果は野田らの解析結果[13),15)]をもとに導いたものである。

$$J_{\text{ex}}(k+1) = \left(1 - \frac{\alpha(2-\alpha)}{L}\right)J_{\text{ex}}(k) + \left(\frac{\alpha^2}{L}\right)J_{\min} \tag{5.50}$$

ただし，L はタップ数を表す．なお，先に述べたように平均2乗誤差 $J(k)$ は，$J(k) = J_{\text{ex}}(k) + J_{\min}$ と表すことができ，また，最小誤差 $J_{\min}$ は雑音 $n(k)$ の2乗期待値 $E[n^2(k)]$ と一致する．

〔1〕 収 束 条 件

式 (5.50) は，k に関する一階定係数差分方程式である．したがって，$J_{\text{ex}}(k)$ の乗数の絶対値が1以下，すなわち

$$\left|1 - \frac{\alpha(2-\alpha)}{L}\right| < 1 \tag{5.51}$$

の場合に，$J_{\text{ex}}(k)$ は一定値に収束し，平均2乗誤差 $J(k)$ も収束する．

式 (5.51) の L は正の数なので，式 (5.51) が成立するのは，$\alpha(2-\alpha)$ が正の値をとるときである．ここで，$\alpha(2-\alpha)$ の項のグラフを図5.17に示した．図より，収束条件を満たす α の範囲は，次式であることがわかる．

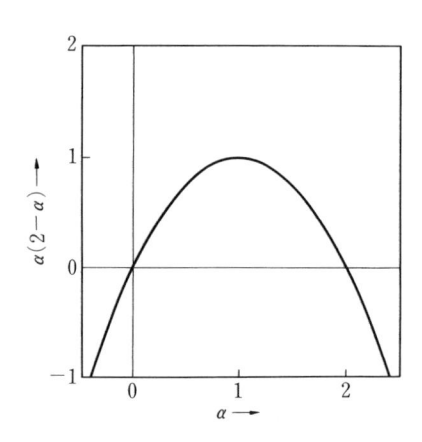

図5.17　$\alpha(2-\alpha)$ の曲線

$$0 < \alpha < 2 \tag{5.52}$$

〔2〕 収 束 速 度

式 (5.50) の右辺第1項の値が第2項の値に比べて十分大きい場合には，$J_{\text{ex}}(k)$ の値は k の増加とともに小さくなり，収束途中の状態にあると考えられる．そこで，式 (5.50) 右辺第2項を無視すれば

5.8 学習同定法

$$\frac{J_{\text{ex}}(k+1)}{J_{\text{ex}}(k)} = 1 - \frac{\alpha(2-\alpha)}{L} \tag{5.53}$$

が得られる．これより，収束の時定数 τ は

$$\tau = -\frac{1}{\ln\left(1 - \dfrac{\alpha(2-\alpha)}{L}\right)} \tag{5.54}$$

と求められる．さらに，L が大きい場合には（例えば，$L \geqq 10$）

$$\tau \fallingdotseq \frac{L}{\alpha(2-\alpha)} \tag{5.55}$$

と近似することができる．この τ の値は，$\alpha(2-\alpha)$ の逆数に比例するので，図 5.17 より，$\alpha = 1$ のときに τ は最小となって収束速度は最高となることがわかる．

〔3〕**定 常 誤 差**

k の値が十分に大きく，過剰平均 2 乗誤差が一定値に収束している状態を考える．このとき，$J_{\text{ex}}(k+1) = J_{\text{ex}}(k) = J_{\text{ex}}(\infty)$ となるので，式 (5.50) に代入して解けば

$$J_{\text{ex}}(\infty) = \left(\frac{\alpha}{2-\alpha}\right) J_{\min} \tag{5.56}$$

が得られる．式 (5.56) に含まれる $\alpha/(2-\alpha)$ のグラフを**図 5.18** に示した．図 5.18，および式 (5.56) より，過剰平均 2 乗誤差 $J_{\text{ex}}(\infty)$ は，α の増加に伴

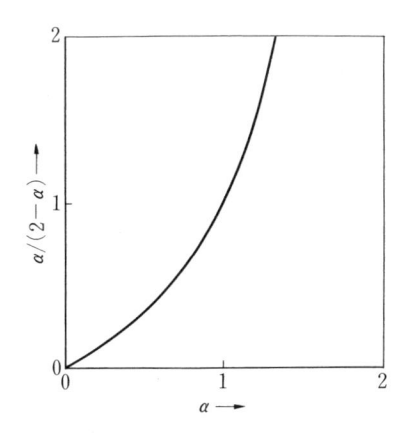

図 5.18　$\alpha/(2-\alpha)$ の曲線

って増大することがわかる。また，平均2乗誤差の定常値 $J(\infty)$ および誤調整 M はそれぞれ

$$J(\infty) = J_{\text{ex}}(\infty) + J_{\min} = \frac{2J_{\min}}{2-\alpha} \tag{5.57}$$

$$M = \frac{\alpha}{2-\alpha} \tag{5.58}$$

と表される。

α の異なった値で適応フィルタを動作させ，その結果得られた過剰平均2乗誤差 $J_{\text{ex}}(k)$ の学習曲線の例を図 5.19 に示した。タップ数 L は 10 として，入力信号は白色雑音を用いた。図より，収束速度は $\alpha = 1$ のときが一番速く，α が 0.5，0.2 と小さくなるにつれて収束は遅くなっていくことがわかる。また，α を 1.5，1.8 と 1 より大きくした場合の収束速度は，それぞれ，α が 0.5，0.2 としたときの収束速度と一致している。

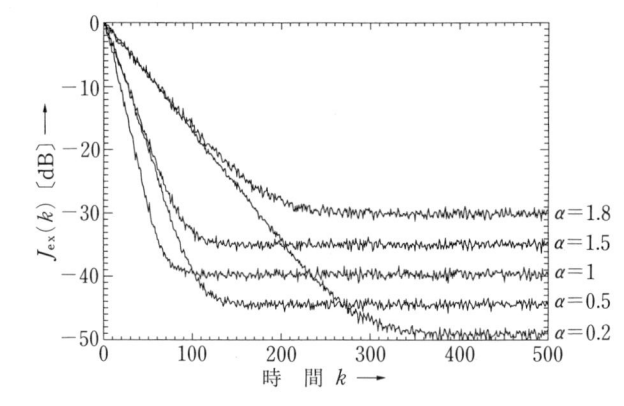

タップ数 $L = 10$。入力信号は白色雑音。
1 000 個の収束曲線を集合平均。

図 5.19 α の異なった値で動作させて得られた学習同定法の学習曲線

これらの結果は，式 (5.55) の理論結果と一致する。また，J_{ex} の収束値 $J_{\text{ex}}(\infty)$ は，α が大きくなるにつれて増加しており，式 (5.56) の理論結果と一致している。さらに，α の値が 1 以下の場合だけを考えれば，収束速度と $J_{\text{ex}}(\infty)$ の間にトレードオフの関係（収束速度が早いと $J_{\text{ex}}(\infty)$ が大きく，

$J_{\text{ex}}(\infty)$ が小さいと収束速度が遅い）があることがわかる。

なお，音響エコーキャンセラ[24]の性能評価量として **ERLE** (echo return loss enhancement) と呼ばれる量がよく用いられている．この量は，図 5.8 の記号を用いれば，次式で定義される．

$$\text{ERLE}(k) = \frac{E[(e(k) - n(k))^2]}{E[(d(k) - n(k))^2]} = \frac{J_{\text{ex}}(k)}{E[y_o^2(k)]}$$

ERLE の収束値は，式 (5.56) および $J_{\min} = E[n^2(k)]$ の関係を用いて

$$\text{ERLE}(\infty) = \frac{\alpha}{2-\alpha} \cdot \frac{E[n^2(k)]}{E[y_o^2(k)]} = \frac{\alpha}{2-\alpha} \cdot \frac{1}{(d(k) \text{ の SN 比})}$$

と表される．ただし，$d(k)$ の SN 比とは，最適フィルタの情報を含んだ信号 $y_o(k)$ と情報を含まない雑音 $n(k)$ のパワー比を表す．$\alpha = 1$ のとき，ERLE (∞) は，$d(k)$ の SN 比の逆数となることがわかる．

以上に示した理論的結果は，信号が白色雑音であると仮定して得られたものである．実際，収束速度は入力信号の性質に大きく依存しており，例えば，有色雑音や音声に対する収束速度は白色雑音に対するものと比べて大幅に低下する．しかし，収束速度と定常誤差とのトレードオフ関係や，収束条件・定常誤差に関する定量的結果などは，白色雑音以外の信号であっても，ほぼ成立することが知られている．

5.8.4 学習同定法と LMS アルゴリズム

学習同定法の修正式 (5.45) において $\beta = 0$ とし，$\|\boldsymbol{x}(k)\|^2 = \boldsymbol{x}(k)^T\boldsymbol{x}(k)$ の項をその期待値，$P_T = E[\boldsymbol{x}^T(k)\boldsymbol{x}(k)]$ で置き換えた次式を考える．

$$\boldsymbol{w}(k+1) = w(k) + 2\left(\frac{\alpha}{2P_T}\right)e(k)\boldsymbol{x}(k) \tag{5.59}$$

ここで，定数 $\alpha/2P_T$ をステップサイズ μ と考えれば，この式は式 (5.33) に示した LMS アルゴリズムの修正式と一致する．いい換えると，学習同定法で，各時刻 k において $\|\boldsymbol{x}(k)\|^2$ の値を計算する代わりに，その期待値 P_T （定数）を用いたものが LMS アルゴリズムであると考えることができる．

このように，LMS アルゴリズムは学習同定法を簡略化したものと考えられ

るので,これら二つのアルゴリズムの特性は類似したものとなっている。実際,LMSアルゴリズムの収束特性を表す式 (5.34), (5.37), (5.39) に,$\mu = \alpha/2P_T$ の関係を代入したものと,学習同定法の収束特性を表す式 (5.52), (5.55), (5.56) において,α が小さいと考えて,$2-\alpha \fallingdotseq 2$,としたものとは一致する。

しかし,P_T が時間的に変化するような非定常信号に対しては,$\boldsymbol{x}(k)^T\boldsymbol{x}(k)$ の項を定数で置き換えることは誤差が大きい。そのため,5.7節で述べたように,LMSアルゴリズムには,入力ベクトルのパワー P_T が変化すれば,その収束特性も変化してしまうという欠点があった。これに対して,学習同定法の収束特性には入力パワー依存性はなく,その意味で取扱いやすいアルゴリズムとなっている。

一方,学習同定法をLMSアルゴリズムと比較した場合の欠点は,各時刻 k において内積 $\boldsymbol{x}(k)^T\boldsymbol{x}(k)$ を計算するための演算量の増加である。この問題を改善するためには,例えば,つぎのような対処が行われている。入力ベクトル $\boldsymbol{x}(k)$ はスカラー入力 $x(k)$ を用いて,次式のように表される。

$$\boldsymbol{x}(k) = [x(k),\ x(k-1),\ \cdots,\ x(k-L+2),\ x(k-L+1)]^T \tag{5.60}$$

これより,内積 $\boldsymbol{x}(k)^T\boldsymbol{x}(k)$ は,信号 $x(k)$ の2乗値を L 個加算したものとなっている。そこで,この L 個の加算の代わりに,窓長が L_w に相当するような指数窓で荷重加算した量 $Q(k)$ を考える。$Q(k)$ はつぎの漸化式により計算することができる。

$$Q(k) = \frac{L}{L_w}\sum_{i=0}^{\infty}\gamma^i x^2(k-1) = \frac{L}{L_w}(\gamma Q(k-1) + x^2(k)) \tag{5.61}$$

ただし,$\gamma = 1-(1/L_w)$ である。

この L_w の値は経験的に決めるが,L が比較的大きい場合には,例えば,$L_w = L/2$ とする。このようにして得られた $Q(k)$ を $\boldsymbol{x}(k)^T\boldsymbol{x}(k)$ の代わりとしてアルゴリズムを動作させれば,演算量も削減でき,また,その収束特性も学習同定法に近いものとなる。

5.9 射影アルゴリズム

5.9.1 射影アルゴリズム

射影アルゴリズムは雛元ら[17]，尾関ら[18]によってその考え方が示されたもので，アフィン射影アルゴリズムとも呼ばれている。このアルゴリズムをLMSや学習同定法と比べたとき，演算量は増加するが，入力信号が音声などの有色信号である場合に収束速度が向上する点が特徴となっている。

p次の射影アルゴリズムとは，係数 $\boldsymbol{w}(k+1)$ が，同定モデル（図5.8）における過去 p 個の入出力関係を満足し，かつ修正の大きさ $\|\delta\boldsymbol{w}(k)\|^2$ が最小になるように修正を行うものである。ただし，p はタップ数 L より小さい（$p<L$）整数である。$\boldsymbol{w}(k+1)$ が過去 p 個の入出力関係を満足するためには，

$$\left.\begin{array}{l}\boldsymbol{x}(k)^T\boldsymbol{w}(k+1)=d(k)\\ \boldsymbol{x}(k-1)^T\boldsymbol{w}(k+1)=d(k-1)\\ \boldsymbol{x}(k-2)^T\boldsymbol{w}(k+1)=d(k-2)\\ \quad\vdots\\ \boldsymbol{x}(k-p+1)^T\boldsymbol{w}(k+1)=d(k-p+1)\end{array}\right\} \quad (5.62)$$

の関係を満たせばよい。時刻 k における修正式

$$\boldsymbol{w}(k+1)=\boldsymbol{w}(k)+\delta\boldsymbol{w}(k) \quad (5.63)$$

を代入すると，未知数 $\delta\boldsymbol{w}(k)$ に関する方程式

$$\left.\begin{array}{l}\boldsymbol{x}(k)^T\delta\boldsymbol{w}(k)=d(k)-\boldsymbol{x}(k)^T\boldsymbol{w}(k)\\ \boldsymbol{x}(k-1)^T\delta\boldsymbol{w}(k)=d(k-1)-\boldsymbol{x}(k-1)^T\boldsymbol{w}(k)\\ \boldsymbol{x}(k-2)^T\delta\boldsymbol{w}(k)=d(k-2)-\boldsymbol{x}(k-2)^T\boldsymbol{w}(k)\\ \quad\vdots\\ \boldsymbol{x}(k-p+1)^T\delta\boldsymbol{w}(k)=d(k-p+1)-\boldsymbol{x}(k-p+1)^T\boldsymbol{w}(k)\end{array}\right\}$$

$$(5.64)$$

が得られる。このとき，方程式の数 p は未知数の数 L より少ないので，この方程式は不定方程式となり，無数の解をもつ。

ここで，式 (5.64) をまとめて

$$X_p(k)^T \delta \boldsymbol{w}(k) = e(k) \tag{5.65}$$

と表す。ただし，$X_p(k)$ は，入力ベクトル $\boldsymbol{x}(k-i+1)$, $i = 0, 1, \cdots, p-1$，を列要素とした L 行 p 列の行列であり，p 行 1 列のベクトル $\boldsymbol{e}(k)$ とともに次式で定義される。

$$X_p(k) = [\boldsymbol{x}(k), \ \boldsymbol{x}(k-1), \ \boldsymbol{x}(k-2), \ \cdots, \ \boldsymbol{x}(k-p+1)] \tag{5.66a}$$

$$\boldsymbol{e}(k) = \begin{pmatrix} d(k) - \boldsymbol{x}(k)^T \boldsymbol{w}(k) \\ d(k-1) - \boldsymbol{x}(k-1)^T \boldsymbol{w}(k) \\ d(k-2) - \boldsymbol{x}(k-2)^T \boldsymbol{w}(k) \\ \vdots \\ d(k-p+1) - \boldsymbol{x}(k-p+1)^T \boldsymbol{w}(k) \end{pmatrix} \tag{5.66b}$$

このとき，式 (5.65) を満足し，$\|\delta\boldsymbol{w}(k)\|^2$ が最小となる解は，次式のように求められる（付録 2．式 (A.9), (A.10) において，$\boldsymbol{A} = X_p(k)^T$, $\boldsymbol{b} = \boldsymbol{e}(k)$, $\boldsymbol{x} = \delta\boldsymbol{w}(k)$ とすれば得られる）。

$$\delta\boldsymbol{w}(k) = X_p(k)(X_p(k)^T X_p(k))^{-1} \boldsymbol{e}(k) \tag{5.67}$$

この式 (5.67) は一般化逆行列 $X_p^{+}(k) \ (= X_p(k)(X_p(k)^T X_p(k))^{-1})$ を用いて表される場合もある。雛元らは，シュミットの直交化法を用いて，式 (5.65) の解法を示したが[17]，尾関らは，$\delta\boldsymbol{w}(k)$ を式 (5.67) として表し，さらにステップサイズ μ を導入して，次式のような射影アルゴリズムの修正式を示した[18]。

射影アルゴリズム
$$\boldsymbol{w}(k+1) = \boldsymbol{w}(k) + \mu X_p(k)(X_p(k)^T X_p(k))^{-1} \boldsymbol{e}(k) \tag{5.68}$$

また，証明は省略するが，式 (5.66 b) で定義したベクトル $\boldsymbol{e}(k)$ は

$$\begin{aligned}\boldsymbol{e}(k) = [e(k), \ (1-\mu)e(k-1), \ (1-\mu)^2 e(k-2), \ \cdots, \\ (1-\mu)^{p-1} e(k-p+1)]^T\end{aligned} \tag{5.69}$$

と，過去 p 個の誤差を用いた簡潔な形で表すことができる。

ここで，$p = 2$ の場合を例に $\delta\boldsymbol{w}(k)$ の求め方を示す。$(X_2(k)^T X_2(k))^{-1} \boldsymbol{e}(k)$ は 2 行 1 列のベクトルとなり，これを

$$(X_2(k)^T X_2(k))^{-1} e(k) = \begin{pmatrix} a_1 \\ a_2 \end{pmatrix} \tag{5.70}$$

と表す。このとき，式 (5.67) は

$$\delta w(k) = X_2(k) \begin{pmatrix} a_1 \\ a_2 \end{pmatrix} = [x(k),\ x(k-1)] \begin{pmatrix} a_1 \\ a_2 \end{pmatrix}$$

$$= a_1 x(k) + a_2 x(k-1) \tag{5.71}$$

と表される。式 (5.70) の両辺に，$X_2(k)^T X_2(k)$ を左から乗じれば

$$e(k) = X_2(k)^T X_2(k) \begin{pmatrix} a_1 \\ a_2 \end{pmatrix} = \begin{pmatrix} x(k)^T \\ x(k-1)^T \end{pmatrix} [x(k),\ x(k-1)] \begin{pmatrix} a_1 \\ a_2 \end{pmatrix}$$

$$= \begin{pmatrix} x(k)^T x(k) & x(k)^T x(k-1) \\ x(k-1)^T x(k) & x(k-1)^T x(k-1) \end{pmatrix} \begin{pmatrix} a_1 \\ a_2 \end{pmatrix} \tag{5.72}$$

したがって，修正ベクトル $\delta w(k)$ は，以下の連立方程式

$$\left.\begin{aligned} e(k) &= x(k)^T x(k) a_1 + x(k)^T x(k-1) a_2 \\ (1-\mu) e(k-1) &= x(k-1)^T x(k) a_1 + x(k-1)^T x(k-1) a_2 \end{aligned}\right\} \tag{5.73}$$

を解いて a_1, a_2 を求め，それを式 (5.71) に代入することにより得られることがわかる。ただし，ある時刻 k において，行列 $X_2(k)^T X_2(k)$ の行列式の値が零に近くなる場合には，式 (5.73) を解くさいに数値的な誤差が発生するので，$X_2(k)^T X_2(k)$ の対角成分に微少量 $\beta(>0)$ を付加したり，また，その時刻 k における修正は行わないなどの対処が必要である。

5.8 節で述べた学習同定法は，$p=1$ とした射影アルゴリズムと解釈することができる。このことは，$p=1$ のとき，$X_1(k) = x(k)$ となり，$(X_1(k)^T X_1(k))^{-1} = 1/x(k)^T x(k)$ となるので，これらを式 (5.67) に代入すれば理解される。

5.9.2 射影アルゴリズムの幾何学的説明

図 5.8 に示した同定モデルにおいて雑音 $n(k)$ が無視できるとき，$d(k)$ は最

適フィルタ $\boldsymbol{w}_\circ$ の出力として

$$d(k) = \boldsymbol{x}(k)^T \boldsymbol{w}_\circ \tag{5.74}$$

と表される。したがって，式 (5.66 b) の $e(k)$ の第 i 要素は

$$d(k-i+1) - \boldsymbol{x}(k-i+1)^T \boldsymbol{w}(k) = \boldsymbol{x}(k-i+1)^T(\boldsymbol{w}_\circ - \boldsymbol{w}(k)) \tag{5.75}$$

と表され，ベクトル $\boldsymbol{e}(k)$ は式 (5.66 b) より

$$\boldsymbol{e}(k) = \boldsymbol{X}_P(k)^T(\boldsymbol{w}_\circ - \boldsymbol{w}(k))) \tag{5.76}$$

と表される。これを式 (5.67) に代入すれば，$\delta \boldsymbol{w}(k)$ は

$$\delta \boldsymbol{w}(k) = \boldsymbol{X}_p(k)(\boldsymbol{X}_p(k)^T \boldsymbol{X}_p(k))^{-1} \boldsymbol{X}_p(k)^T(\boldsymbol{w}_\circ - \boldsymbol{w}(k)) \tag{5.77}$$

と表される。

さて，式 (5.77) の $\boldsymbol{X}_p(k)(\boldsymbol{X}_p(k)^T \boldsymbol{X}_p(k))^{-1} \boldsymbol{X}_p(k)^T$ の項は射影演算子を表しており，ベクトル $\boldsymbol{w}_\circ - \boldsymbol{w}(k)$ を，p 個のベクトル $\boldsymbol{x}(k)$, $\boldsymbol{x}(k-1)$, $\cdots$, $\boldsymbol{x}(k-p+1)$ が形成する空間へ射影したものが $\delta \boldsymbol{w}(k)$ であることを表している。$p=2$ の場合，$\delta \boldsymbol{w}(k)$ は，二つのベクトル $\boldsymbol{x}(k)$, $\boldsymbol{x}(k-1)$ が作る平面へ $\boldsymbol{w}_\circ - \boldsymbol{w}(k)$ を射影したベクトルとなる[16]。このことを図 5.20 に示した。

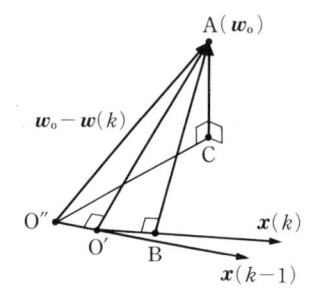

図 5.20 射影アルゴリズム ($p=2$) の幾何学的説明

図において，点 O″ と点 A を結ぶベクトルが $\boldsymbol{w}_\circ - \boldsymbol{w}(k)$ であるとする。そして，点 A から，$\boldsymbol{x}(k)$, $\boldsymbol{x}(k-1)$ が作る平面へ垂線を降ろした点を C とする。このとき，$\boldsymbol{w}_\circ - \boldsymbol{w}(k)$ を $\boldsymbol{x}(k)$, $\boldsymbol{x}(k-1)$ が作る平面へ射影したベクトルは，点 O″ と点 C を結んだベクトル $\overrightarrow{O''C}$ になる。そして，$\mu = 1$ の場合には，修正された結果の誤差ベクトル $\boldsymbol{w}_\circ - \boldsymbol{w}(k+1)$ は，ベクトル $\overrightarrow{CA}$ となる。

この結果を学習同定法の場合と比較するために，$\overrightarrow{\mathrm{O''A}}$ が時刻 $k-1$ における係数誤差 $\boldsymbol{w}_\circ - \boldsymbol{w}(k-1)$ を表すものと考える．5.8 節の図 5.15 で説明したように学習同定法における修正ベクトルは，係数誤差ベクトルを入力ベクトルに射影したものであった（$\alpha = 1$ の場合）．したがって，時刻 $k-1$ における修正ベクトルは，点 O″ と，点 A から $\boldsymbol{x}(k-1)$ に垂線を引いた点 O′ を結んだベクトル $\overrightarrow{\mathrm{O''O'}}$ となり，同様に，時刻 k における修正ベクトルはベクトル $\overrightarrow{\mathrm{O'B}}$ となる．そして，時刻 $k-1$ および k において修正された結果の誤差ベクトル $\boldsymbol{w}_\circ - \boldsymbol{w}(k+1)$ は，ベクトル $\overrightarrow{\mathrm{BA}}$ となる．

この図の例のように，連続した入力ベクトル $\boldsymbol{x}(k-1)$ および $\boldsymbol{x}(k)$ が近い値をもち，それらの作る角度が小さい場合，学習同定法の修正量は小さなものとなってしまう．その結果，2 回の修正後の係数誤差の大きさ $|\overrightarrow{\mathrm{BA}}|$ は，射影アルゴリズムの 1 回の修正による係数誤差の大きさ $|\overrightarrow{\mathrm{CA}}|$ に比べて，はるかに大きなものとなってしまう．このことより，射影アルゴリズムの学習同定法に対する優位性が理解される．

5.9.3 射影アルゴリズムの信号処理的説明[25]

スカラー入力信号 $x(k)$ に対する $p-1$ 次の線形予測式は

$$\varepsilon(k) = x(k) - \sum_{i=1}^{p-1} a_i x(k-i) \tag{5.78}$$

と表される．ここで，a_i は線形予測係数，$\varepsilon(k)$ は予測残差信号である．この式は，過去 $p-1$ 個の信号値，$x(k-1), \cdots, x(k-p+1)$ を用いて，現在の信号値 $x(k)$ を予測することを表している．

このとき，L 個の予測残差信号の 2 乗和

$$\sum_{j=0}^{L-1} \varepsilon^2(k-j) = \sum_{j=0}^{L-1} \{x(k-j) - \sum_{i=1}^{p-1} a_i x(k-j-i)\}^2 \tag{5.79}$$

を最小にする線形予測係数（以降は，これを単に，線形予測係数と呼ぶ）は，次式

$$\boldsymbol{a}(k) = (\boldsymbol{X}_p(k)^T \boldsymbol{X}_p(k))^{-1} \boldsymbol{c} \cdot \boldsymbol{\varepsilon}(k)^T \boldsymbol{\varepsilon}(k) \tag{5.80}$$

により求められる[26]。ただし

$$a(k) = [1, \ -a_1, \ -a_2, \ \cdots, \ -a_{p-1}]^T \tag{5.81}$$

$$c = [1, \ 0, \ \cdots, \ 0]^T \tag{5.82}$$

$$\varepsilon(k) = [\varepsilon(k), \ \varepsilon(k-1), \ \varepsilon(k-2), \ \cdots, \ \varepsilon(k-L+1)]^T$$
$$= X_p(k)a(k) \tag{5.83}$$

であり，$X_p(k)$ は先に式 (5.66 a) で定義したものである。また，$a(k)$ は式 (5.80) 右辺と表されるので，時間 k の関数となる。

さてここで，簡単のために，射影アルゴリズムのステップサイズ $\mu = 1$ であると仮定する。このとき，式 (5.69)，式 (5.82) より，

$$e(k) = e(k)c \tag{5.84}$$

となる。そして，この式 (5.84) と式 (5.67) より，p 次の射影アルゴリズムの修正項 $\delta w(k)$ は

$$\delta w(k) = e(k)X_p(k)(X_p(k)^T X_p(k))^{-1}c \tag{5.85}$$

と表される。式 (5.80) の両辺を $(\varepsilon(k)^T \varepsilon(k))$ で除して，式 (5.85) に代入すれば

$$\delta w(k) = \frac{e(k)X_p(k)a(k)}{\varepsilon(k)^T \varepsilon(k)}$$
$$= \frac{e(k)\varepsilon(k)}{\|\varepsilon(k)\|^2} \tag{5.86}$$

となる。ただし，最後の等号は式 (5.83) の関係を用いた。

5.8 節の式 (5.44) と比較すればわかるように，式 (5.86) は $\varepsilon(k)$ が入力ベクトルである場合の学習同定法の修正式と考えることができる。以上のことより，p 次の射影アルゴリズムは，入力信号に対して $p-1$ 次の線形予測を行い，その予測残差信号を用いて学習同定法を行うものと解釈できる。線形予測を行うことで，有色な入力信号のスペクトルは平坦化されるので，収束速度は向上する。

信号が定常で線形予測係数の値がほぼ一定の場合，射影法の等価回路は図 5.21 のように表すことができる。図において，$A(z) (= 1 - a_1 z^{-1} - a_2 z^{-2} -$

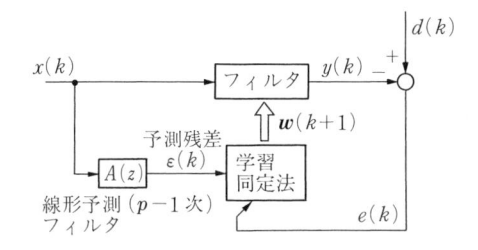

図5.21 射影アルゴリズムの等価回路

$\cdots - a_{p-1}z^{-p+1})$ は $p-1$ 次の線形予測フィルタを表す.図より以下のことが考察できる.

① 入力信号 $x(k)$ が $p-1$ 次の AR フィルタにより生成された有色信号である場合,$p-1$ 次の線形予測フィルタ(MA フィルタ),すなわち,p 次の射影アルゴリズムによりほぼ完全に白色化される.

② 線形予測フィルタを用いた信号の白色化は従来も試みられてきた[27].射影法の特徴は,ⅰ)予測残差を評価する式 (5.79) で用いられるサンプル数がタップ数 L と一致している点,ⅱ)予測フィルタリングがアルゴリズムに内包されているため,予測のための特別な演算を必要としない点,である.

5.9.4 収束特性

射影アルゴリズムの収束特性の解析は困難であって,定量的な性質については未知な部分が多い.以下,簡単に主要な結果のみを示す.

① 収束条件[18]　　$0 < \mu < 2$

② 収束速度　　次数 p を増加させれば,収束速度は向上する[18].ただし,p の増加と収束速度との関係は,入力信号のスペクトルが線形予測によって白色化される程度に依存している.入力信号が p' 次の線形予測によってほぼ白色化されるとき,$(p'+1)$ 次までは射影次数の増加に伴って収束速度は向上する.しかし,$(p'+2)$ 次以上に射影の次数を上げたとしても,収束速度の大きな向上は得られない[25].

③ 定常誤差　　μ の値を零に近づけると,過剰平均 2 乗誤差 $J_{ex}(\infty)$ は零に近づく.

図 5.22 に，1 次（＝学習同定法）および 2 次，3 次，4 次の射影アルゴリズムの学習曲線の例を示した。入力信号は，$G_\mathrm{f}(z) = 1/\{(1 - 0.95z^{-1})(1 + 0.95z^{-1})\}$ の特性をもつ 2 次の IIR フィルタ（AR フィルタ）に白色雑音を通して得られた有色雑音を用いた。この入力信号は $p' = 2$ 次の予測フィルタ（MA フィルタ）を用いて白色化することができる。したがって，射影の次数を 1 次から 3（＝ $p' + 1$）次まで増加することにより収束速度は向上するが，$p' + 2 = 4$ 次以上にしても収束速度の大きな向上は得られない。図 5.22 の結果はこの考察結果を反映したものとなっている。また，この例において，射影アルゴリズムの収束速度は，学習同定法に比べて数倍以上早いものになっていることがわかる。

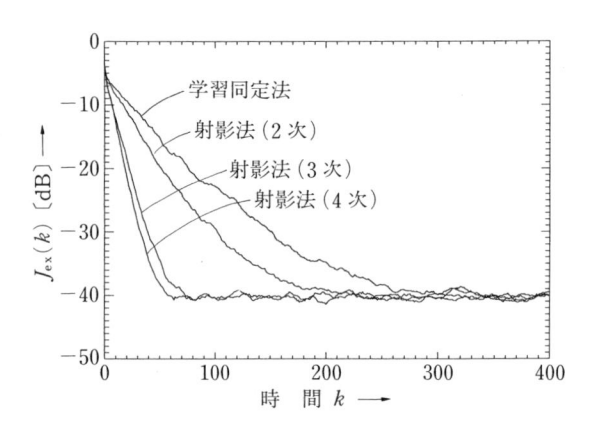

タップ数 $L = 10$。入力信号は有色雑音（ $1/\{(1 - 0.95z^{-1})(1 + 0.95z^{-1})\}$ の特性をもつフィルタに白色雑音を通したもの）。100 個の収束曲線を集合平均し，時間方向に 10 点の移動平均を行った。

図 5.22　各種アルゴリズムの学習曲線

以上説明したように，射影アルゴリズムは有色信号に対する収束速度が改善されるという点が大きな特徴となっているが，反面，アルゴリズムの計算量が増加する欠点ももっている。射影アルゴリズムの演算量を低減する努力は続けられており，例えば，中間変数を導入して学習同定法と同程度の演算量で 2 次の射影アルゴリズムを実行する方法[19]，その方法をさらに一般化して多次の射

影アルゴリズムを学習同定法と同程度の演算量で実行する方法（**高速射影法**：fast projection algorithm[28),29)]）などが提案されている。

5.10 RLSアルゴリズム

5.10.1 RLSアルゴリズム

RLS（recursive least-squares）アルゴリズムは最小2乗法の問題を再帰的に解くアルゴリズムとして，Plackettによって導かれた[20)]。このアルゴリズムは，有色信号に対しても白色信号とほぼ同程度の収束速度が得られることが大きな特徴である。

RLSアルゴリズムの基本的考え方は，図5.8の同定モデルにおける過去の全入出力関係を最小2乗誤差で近似させる係数 $\boldsymbol{w}(k+1)$ を求めることにある。かりに，$\boldsymbol{w}(k+1)$ が過去の全入出力関係を満足するとすれば，次式が成立する。

$$\left.\begin{aligned}\boldsymbol{x}(k)^T\boldsymbol{w}(k+1) &= d(k) \\ \boldsymbol{x}(k-1)^T\boldsymbol{w}(k+1) &= d(k-1) \\ \boldsymbol{x}(k-2)^T\boldsymbol{w}(k+1) &= d(k-2) \\ &\vdots \\ \boldsymbol{x}(0)^T\boldsymbol{w}(k+1) &= d(0)\end{aligned}\right\} \quad (5.87)$$

また，式(5.87)をまとめて

$$\boldsymbol{X}_a(k)^T\boldsymbol{w}(k+1) = \boldsymbol{d}(k) \tag{5.88}$$

と表す。ただし，$\boldsymbol{X}_a(k)$ は L 行 $k+1$ 列の行列で，$\boldsymbol{d}(k)$ は $k+1$ 行1列のベクトルであり，それぞれ次式で定義される。

$$\boldsymbol{X}_a(k) = [\boldsymbol{x}(k),\ \boldsymbol{x}(k-1),\ \boldsymbol{x}(k-2),\ \cdots,\ \boldsymbol{x}(0)] \tag{5.89a}$$

$$\boldsymbol{d}(k) = [d(k),\ d(k-1),\ d(k-2),\ \cdots,\ d(0)]^T \tag{5.89b}$$

式 (5.87) に示した方程式の数は時間の経過とともに増加し，時刻 k においてその数は $k+1$ となる。タップ数（未知数の数）を L として，$k \geq L$ と

なったときには，方程式の数が未知数の数より多い関係式となるので，式 (5.87) のすべての関係を満足する $w(k+1)$ は存在しない．そこで，式 (5.87) の右辺と左辺の差の2乗和 J_{pst} を次式で定義し，これを最小とする $w(k+1)$ を求めることにする．

$$\begin{aligned} J_{\mathrm{pst}} &= \sum_{i=0}^{k}(d(k-i) - x(k-i)^T w(k+1))^2 \\ &= \| d(k) - X_a(k)^T w(k+1) \|^2 \end{aligned} \quad (5.90)$$

J_{pst} を最小とする $w(k+1)$ は，次式で与えられる（付録2.の式 (A.9)，(A.12) において，$A = X_a(k)^T$, $b = d(k)$, $x = w(k+1)$ とすれば得られる）．

$$w(k+1) = (X_a(k)X_a(k)^T)^{-1} X_a(k) d(k) \quad (5.91)$$

さて，式 (5.91) は逆行列演算を含んだ形となっており，これを各時刻ごとに計算することは多大な計算量が要求される．しかし，定義式 (5.89 a) よりわかるように，行列 $X_a(k)$ は，$X_a(k-1)$ にベクトル $x(k)$ を追加しただけの形をしている．RLSアルゴリズムは，この特徴を利用し，逆行列演算を行わずに $w(k+1)$ を計算可能としたアルゴリズムである．

さて，時刻 k とともに増加する多数の方程式を利用することは，長時間のデータに基づいて係数を決定していくことを意味しており，最適係数 w_o が時間的に変化しない場合には精度の高い w_o の推定が期待できる．しかし，その反面，w_o が時間的に変化する場合には，$k=0$ からの古い入出力関係を利用することはかえって悪影響を及ぼしてしまう．そこで，**忘却係数** (forgetting factor) λ $(0 < \lambda \leq 1)$ を導入して，評価量 J_{pst} を

$$J_{\mathrm{pst}} = \sum_{i=0}^{k} \lambda^i (d(k-i) - x(k-i)^T w(k+1))^2 \quad (5.92)$$

と再定義する（$\lambda=1$ のとき，式 (5.90) と一致する）．この結果，評価量 J_{pst} に及ぼす古い（i が大きい）入出力関係の影響を軽減することができる．

RLSアルゴリズム導出の詳細は他の書物[1],[2]を参照していただくことにして，以下にその手順だけを示すこととする．ただし，アルゴリズムは，L 行1

列のベクトル $\boldsymbol{k}(k)$，および，L 行 L 列の行列 $\boldsymbol{P}(k)$ を中間変数として利用し，三つの手順により係数修正を行う．行列 $\boldsymbol{P}$ の初期値としては，$\boldsymbol{P}(0) = c\boldsymbol{I}$ と設定する．ここで，$\boldsymbol{I}$ は単位行列，c は大きな正の定数である．c の値は経験的に定められるが，例えば，$10^4 L/\boldsymbol{x}^T\boldsymbol{x}$ というような値とする．

RLS アルゴリズム

③-1　$\boldsymbol{k}(k) = \dfrac{\lambda^{-1}\boldsymbol{P}(k)\boldsymbol{x}(k)}{1 + \lambda^{-1}\boldsymbol{x}(k)^T\boldsymbol{P}(k)\boldsymbol{x}(k)}$　　　　(5.93)

③-2　$\boldsymbol{w}(k+1) = \boldsymbol{w}(k) + e(k)\boldsymbol{k}(k)$　　　　(5.94)

③-3　$\boldsymbol{P}(k+1) = \lambda^{-1}(\boldsymbol{P}(k) - \boldsymbol{k}(k)\boldsymbol{x}^T(k)\boldsymbol{P}(k))$　　　　(5.95)

ただし，③-2 および ③-3 において，時刻 k で計算される係数を $\boldsymbol{w}(k+1)$，行列を $\boldsymbol{P}(k+1)$ と表記したが，他の書物ではこれらを，$\boldsymbol{w}(k)$，$\boldsymbol{P}(k)$ と表す場合が多い．本書では，5.7〜5.9 節で説明したアルゴリズムとの一貫性をもたせるために，上記のような表記を採用した．

5.10.2 収束特性

〔1〕 安定性

理論的にはアルゴリズムは安定である．しかし，入力相関行列 $\boldsymbol{R}$ が非正則となる場合（スカラー入力 $x(k)$ が狭帯域信号となる場合など）や，λ の値を小さく選んだ場合には，数値計算誤差による不安定動作が発生する．ただし，倍精度浮動小数点演算を採用すれば，この問題は回避できるという報告もある[2]．数値的安定性の問題については文献[1],[10]を参照されたい．

〔2〕 収束速度および定常誤差

最初に，入力信号が白色信号である場合には，RLS アルゴリズムと学習同定法とが，ほぼ同一の収束特性となることを説明する．式 (5.92) で示した評価量 J_{pst} を最小にする係数 $\boldsymbol{w}(k+1)$，すなわち，式 (5.93)〜(5.95) で示した RLS アルゴリズムによって得られる係数は，次式に示す再帰式を用いても得ることができる[1]．

$$w(k+1) = w(k) + (1-\lambda)R(k)^{-1}x(k)e(k) \tag{5.96}$$

ただし，$\lambda(0 < \lambda \leq 1)$ は忘却係数，$R(k)$ は入力相関行列 $R = E[x(k)x(k)^T]$ の時間平均による推定値で，次式で定義される．

$$R(k) = (1-\lambda)\sum_{i=0}^{k}\lambda^i x(k-i)x(k-i)^T \tag{5.97}$$

ここで，$R(k)$ が十分に長い平均時間（1に近い λ）によって求められ，$R(k) \fallingdotseq R$ とみなせるものとする．そして，入力信号が白色信号の場合には，$R = P_x \cdot I$ となる．ただし，P_x はスカラー入力信号のパワー（$E[x^2(k)]$），I は単位行列である．さらに，タップ数 L が大きく，$\|x^2(k)\| = \sum_{i=0}^{L-1}x^2(k-i) \fallingdotseq LP_x$ と表されるものと仮定する．これらのことより

$$R(k)^{-1} \fallingdotseq R^{-1} = \left(\frac{1}{P_x}\right)\cdot I \fallingdotseq \left(\frac{L}{\|x^2(k)\|}\right)\cdot I \tag{5.98}$$

となる．この関係を式(5.96)に代入すれば

$$w(k+1) = w(k) + \frac{(1-\lambda)L}{\|x^2(k)\|}x(k)e(k) = w(k) + \frac{a \cdot e(k)x(k)}{\|x^2(k)\|} \tag{5.99}$$

となって，式 (5.45) で示した学習同定法の係数修正式（$\beta = 0$）と一致する．ただし，ステップサイズ a は，λ と L によりつぎのように関係づけられる．

$$a = L(1-\lambda) \tag{5.100}$$

このように，入力信号が白色雑音である場合には，RLS と学習同定法は，同一の係数修正を行い，その結果，同一の収束特性をもつとみなせることがわかった．**図5.23** は，このことを示した同定問題のシミュレーション結果で，タップ数 $L = 10$ のときの RLS（実線）と学習同定法（破線）の学習曲線を示す．

RLS の $\lambda = 0.98$ とし，学習同定法の a は式 (5.100) より，0.2 と定めた．未知系の特性は時刻 $k = 100$ で変化させた．RLS アルゴリズムの初期収束（$k = 0$ からの収束）は $k = 0$ 以前のデータの影響を受けない特殊な条件であるので，学習同定法に比べて急速なものになっている．しかし，初期を除いた

5.10 RLSアルゴリズム

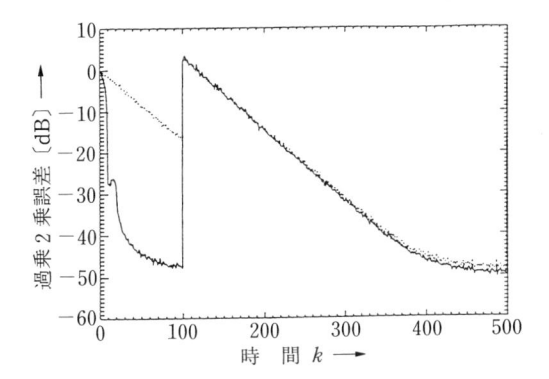

図 5.23 白色雑音入力時の RLS(実線)と学習同定法(破線)の学習曲線
$k=100$ 以降ではこれらは一致している。

$k=100$ 以降の収束速度や定常誤差は,学習同定法の結果とほぼ一致している。

さて,前節まで述べてきたアルゴリズムは,スカラー入力信号が白色信号の場合には最大の収束速度が得られ,有色信号に対しては収束速度が低下するという問題点があった。これに対して,RLS アルゴリズムはすべての入力信号に対して白色信号と同程度の収束速度をもつということが最大の特徴となっている。そして,その収束特性は,式 (5.100) に示した α,L,λ の関係と,5.8.3 項で述べた,白色雑音入力の場合の学習同定法の収束特性の結果から推測ができる。

ここで,λ が 1 に近い値であって,$L(1-\lambda) \ll 1$ であると仮定する。このとき,式 (5.100) を式 (5.55) に代入し,また,$2-L(1-\lambda) \fallingdotseq 2$ であるので,収束の時定数 τ は

$$\tau \fallingdotseq \frac{1}{2(1-\lambda)} \tag{5.101}$$

と表される。また,過剰 2 乗誤差の定常値 $J_{\mathrm{ex}}(\infty)$ は,式 (5.100) を式 (5.56) に代入して

$$J_{\mathrm{ex}}(\infty) \fallingdotseq \frac{L(1-\lambda)}{2} J_{\min} \tag{5.102}$$

と近似される。この結果は，学習同定法とは無関係に導かれた近似式[21]

$$J_{\text{ex}}(\infty) \fallingdotseq \frac{1-\lambda}{1+\lambda} L J_{\min} \qquad (5.103)$$

と同等なものとなっている。

さて，式 (5.97) より，$1/(1-\lambda)$ は，入力相関行列 R を指数時間窓 λ^i で荷重平均して推定する場合の，時間窓長に相当する量となっている。λ を 1 に近い値として，$1/(1-\lambda)$ を大きくとれば窓長は大となって，R の推定は良好に行われ，その結果，定常誤差は減少する。しかし一方，式 (5.92) より，$1/(1-\lambda)$ は，誤差の評価量 J_{pst} を求める場合の時間窓長でもある。したがって，$1/(1-\lambda)$ を大きくとると，最適係数 $w_0(k)$ の変化に伴う誤差の増加が評価量 J_{pst} に反映されるまでに時間の経過が必要となり，アルゴリズムの収束速度が低下する。式 (5.101)，(5.102) は以上の考察を反映したものとなっている。

RLS アルゴリズムは，入力信号によらず，高い収束速度をもつことが大きな特徴である。しかし，その反面，式 (5.93)〜(5.95) の演算を行うためには，L^2（L はタップ数）に比例した多大な演算量が必要となる。そこで近年，この演算量を削減するために，各種の高速アルゴリズムの研究がなされており，$7L$ の積和演算量で RLS アルゴリズムを実行するものも提案されている[22]。また，高速アルゴリズムにおいては，数値的不安定性がよりいっそう大きな問題となることが知られているが，$8L$ の積和演算量で数値的安定性を確保したとの報告もなされている[23]。

引用・参考文献

1) Haykin, S.：Adaptive Filter Theory, second edition, Prentice-Hall (1991)
2) Haykin, S.（武部訳）：適応フィルタ入門，現代工学社 (1987)
3) Widrow, B. and Stearns, S. D.：Adaptive Signal Processing, Prentice-Hall (1985)
4) Honig, M. L. and Messerschmitt, D. G.：Adaptive Filters, Kluwer Academic Publishers (1984)
5) Cowan, C. F. N. and Grant, P. M.：Adaptive Filters, Prentice-Hall (1985)

6) Bellanger, M. G. : Adaptive Digital Filters and Signal Processing, Marcel Dekker (1987)
7) 浜田晴夫:アダプティブフィルタの基礎(その1), 音響会誌, **45**, 8, pp.624-630 (1989)
8) 浜田晴夫:アダプティブフィルタの基礎(その2), 音響会誌, **45**, 9, pp.731-738 (1989)
9) 尾知 博:DSPを使いこなす, 別冊インターフェース, pp.76-95, CQ出版 (1989)
10) 酒井英昭:信号処理とシステム同定, システムと制御, **31**, 5, pp.333-340 (1987)
11) 中溝高好:信号解析とシステム同定, コロナ社 (1988)
12) Widrow, B. and Hoff, Jr., M. E. : Adaptive switching circuits, IRE WESCON Convention Record, Pt. 4, pp. 96-104 (1960)
13) 野田淳彦, 南雲仁一:システムの学習的同定法, 計測と制御, **7**, 9, pp.597-605 (1968)
14) Nagumo J. and Noda A. : A learning method for system identification, IEEE Trans. on Automatic Control, **AC-12**, pp. 282-287 (1967)
15) 野田淳彦:学習的同定法における雑音およびパラメータ変動の影響, 計測と制御, **8**, 5, pp.303-312 (1969)
16) 黒沢 馨, 古沢卓二:適応アルゴリズムの幾何学的解釈, 信学論(A), **J71-A**, 2, pp.343-347 (1988)
17) 雛元孝夫, 前川禎男:拡張された学習的同定法, 電学論, C, **95**, 10, pp.227-234 (1975)
18) 尾関和彦, 梅田哲夫:アフィン部分空間への直交射影を用いた適応フィルタ・アルゴリズムとその諸性質, 信学論 (A), **J67-A**, 2, pp.126-132 (1984)
19) 丸山唯介:射影アルゴリズムの高速算法, 電子情報通信学会春季大会, B-744 (1990)
20) Plackett, R. L. : Some theorems in least squares, Biometrika, **37**, p. 149 (1950)
21) Eleftheriou, E. and Falconer, D. D. : Tracking properties and steady-state performance of RLS adaptive filter algorithms, IEEE Trans. on Acoust., Speech, Signal Processing, **ASSP-34**, 5, pp.1097-1110 (1986)
22) Carayannis, G., Manolakis, D. G. and Kalouptsidis, N. : A fast sequential algorithm for least-squares filtering and prediction, IEEE Trans. on Acoust., Speech, Signal Processing, **ASSP-31**, 6, pp.1394-1402 (1983)
23) Slock, D. T. M. and Kailath, T. : Numerically stable fast transversal filters for recursive least squares adaptive filtering, IEEE Trans. on Signal Processing, **39**, 1, pp. 92-114 (1991)
24) 大賀寿郎, 山﨑芳男, 金田 豊:音響システムとディジタル処理, 電子情報通信

学会 (1995)
25) 金田　豊：線形予測を用いた射影アルゴリズムの表現, 電子情報通信学会 1996 年総合大会, A-169 (1996)
26) 例えば, Pillai, S. U.：Array Signal Processing, Springer-Verlag (1989)
27) 例えば, 山本誠一：線形予測を用いたエコーキャンセラ, 信学技報, **CS78-22** (1978)
28) Tanaka, M., Kaneda, Y., Makino, S. and Kojima, J.：Fast projection algorithm and its step size control, Proc. on ICASSP'95, pp. 945-948 (1995)
29) Gay, S. and Tavathia, S.：The fast affine projection algorithm, Proc. on ICASSP'95, pp.3023-3026 (1995)
30) 金田　豊：白色雑音入力時における RLS アルゴリズムと学習同定法の等価性について, 電子情報通信学会 1996 年秋季大会, A-88 (1992)

付　　　録

行列演算と連立 1 次方程式

二つの L 次列ベクトル $\boldsymbol{x}$, $\boldsymbol{y}$ が次式で表されるものとする。

$$\boldsymbol{x} = [x_1,\ x_2,\ \cdots,\ x_L]^T \tag{A.1}$$

$$\boldsymbol{y} = [y_1,\ y_2,\ \cdots,\ y_L]^T \tag{A.2}$$

ただし，T は転置を表す。このとき，ベクトル $\boldsymbol{x}$ と $\boldsymbol{y}$ の内積 $\boldsymbol{x}^T\boldsymbol{y}$ は，$\boldsymbol{x}$ と $\boldsymbol{y}$ の各要素の積和により得られるスカラー量を表す。

$$\boldsymbol{x}^T\boldsymbol{y} = \boldsymbol{y}^T\boldsymbol{x} = \sum_{i=1}^{L} x_i y_i \tag{A.3}$$

また，ベクトルの 2 乗ノルム $\|\boldsymbol{x}\|^2$ は次式のように定義される

$$\|\boldsymbol{x}\|^2 = \boldsymbol{x}^T\boldsymbol{x} \tag{A.4}$$

さらに，$\boldsymbol{x}$ と $\boldsymbol{y}$ の演算に関して，以下の関係が成立する。

$$\boldsymbol{x}^T\boldsymbol{y}\boldsymbol{x} = (\boldsymbol{x}^T\boldsymbol{y})\,\boldsymbol{x} = \boldsymbol{x}\,(\boldsymbol{x}^T\boldsymbol{y}) = \boldsymbol{x}\boldsymbol{x}^T\boldsymbol{y} \tag{A.5}$$

$$\boldsymbol{x}\boldsymbol{y}^T = \begin{pmatrix} x_1 \\ x_2 \\ \vdots \\ x_L \end{pmatrix} (y_1,\ y_2,\ \cdots,\ y_L) = \begin{pmatrix} x_1 y_1 & x_1 y_2 & \cdots & x_1 y_L \\ x_2 y_1 & x_2 y_2 & \cdots & x_2 y_L \\ & & \vdots & \\ x_L y_1 & x_L y_2 & \cdots & x_L y_L \end{pmatrix} \tag{A.6}$$

つぎに，L 個の未知数 x_i, $i = 1,\ 2,\ \cdots,\ L$ に対して M 個の方程式よりなる，次式の連立 1 次方程式を考える。

$$\begin{aligned} a_{11}x_1 + a_{12}x_2 + \cdots + a_{1L}x_L &= b_1 \\ a_{21}x_1 + a_{22}x_2 + \cdots + a_{2L}x_L &= b_2 \\ &\vdots \\ a_{M1}x_1 + a_{M2}x_2 + \cdots + a_{ML}x_L &= b_M \end{aligned} \tag{A.7}$$

ここで，次式のように，行列 $\boldsymbol{A}$，ベクトル $\boldsymbol{x}$，$\boldsymbol{b}$ を定義すると，

$$\boldsymbol{A} = \begin{pmatrix} a_{11} & a_{12} & \cdots & a_{1L} \\ a_{21} & a_{22} & \cdots & a_{2L} \\ \vdots & & \vdots & \\ a_{M1} & a_{M2} & \cdots & a_{ML} \end{pmatrix} \quad \boldsymbol{b} = \begin{pmatrix} b_1 \\ b_2 \\ \vdots \\ b_M \end{pmatrix} \quad \boldsymbol{x} = \begin{pmatrix} x_1 \\ x_2 \\ \vdots \\ x_M \end{pmatrix} \tag{A.8}$$

式 (A.7) は，

$$\boldsymbol{A}\boldsymbol{x} = \boldsymbol{b} \tag{A.9}$$

と書き改めることができる。このとき，未知数の数 L と方程式の数 M の間の関係

が，① $L > M$ の場合：解は無数に存在する（不定）。② $L = M$：解は唯一存在する ③ $L < M$：解は存在しない（不能）。ここで，①③ の場合にもなんらかの解を一つ定めるために，① $Ax = b$ を満たす解の中で，$\|x\|^2$ が最小である解 ③ $\|Ax - b\|^2$ が最小となる解を考える。これらはそれぞれ，

① $x = A^T(AA^T)^{-1}b$ (A.10)

② $x = A^{-1}b$ (A.11)

③ $x = (A^TA)^{-1}A^Tb$ (A.12)

と表すことができる。ただし，① ③ の行列 AA^T および A^TA は，それぞれ正則であるものとする。

索引

【あ】

暗騒音	142

【い】

位相周波数特性	48
一端駆動開口音響管	134
一般調和解析	35
因果システム	45
因果数列	46
インタファレンスパターン	115
インパルス応答	45

【う】

ウィグナー分布	145

【え】

エントロピー	1
エントロピー符号化	75

【お】

音の大きさ	77
音の反射	134
折り返し	5
音響管	129
音響出力	121
音響パワー（インテンシティ）	120
音響放射インピーダンス	120
音響放射パワー	121
音源の音響出力	119
音場の広がり感	115

【か】

ガウス分布	112
学習曲線	175
学習同定法	179
荷重係数	159
過剰平均2乗誤差	165
完全なマスキング	79

【き】

逆z変換	46
逆フィルタリング	157
逆向マスキング	80
球面波	119
鏡像	120
強度ステレオ	89
極	46
近接4点法	147

【く】

駆動点（音響）インピーダンス	131
グリッチ	4

【け】

ケプストラム	56

【こ】

高域集中ディザの効果	18
高速射影法	197
呼吸球音源	119
誤差曲面	162
誤調整	178
5.1チャネルステレオ	99

固有周波数	126, 128
固有値	127

【さ】

最急降下法	172
最小位相推移系	54
最小可聴限	77
最小平均2乗誤差	164
最適係数	162
残響時間	125
サンプルアンドホールド回路	2

【し】

時系列	2
自己相関数列	43
2乗積分法	145
指数分布	113
システム同定	157
実時間たたみこみ	144
実数因果数列	54
射影演算子	181
シャノン	1
周期的成分の強調器	158
修正ベクトル	169
収束	176
周波数スペクトル	62
周波数特性	48
順向マスキング	80
ジョイント・ステレオ	89, 95
冗長度	67
情報理論	1
所望信号	154

索引

進行波表現 137
振幅周波数特性 48

【す・せ】
ステップサイズ 170
線形結合器 158
線形システム 45, 48
全帯域通過成分 57

【そ】
相関演算 43
相互相関数列 43

【た】
大振幅ディザ 15
体積速度 119, 120, 121
体積弾性率 127
体積密度 121
タイムストレッチドパルス 143
たたみこみ 41
タップ数 159

【ち】
丁度可知雑音レベル 93
調和分析 63
直　交 126

【て】
ディザ 8, 9
定在波 125
適応アルゴリズム 154, 169
適応フィルタ 154
点音源 119
点音源の強さ 119
伝達インピーダンス 131
伝達関数 46, 48

【と】
等　化 157
同時マスキング 80
同定モデル 165

【に】
2次元振動系 128
2点間の音圧相関係数 115
入力相関行列 162

【の】
ノイズシェーピング 23
能動制御 136
ノッチフィルタ 158

【は】
ハイブリッド・ポリフェイズ/MDCT 90
波定数 110

【ひ】
非因果数列 46
非調和成分 63
標本化 2
標本化周波数 49
標本化定理 2, 4

【ふ】
付加音源 137
不規則音場 137
複素振幅 48
不　定 205
不　能 206
部分マスキング 79
プリエコー 96
フーリエ変換対 54

【へ】
平均2乗音圧 111
平均2乗誤差 161
平均自由行程 124
平面波 110
平面波の波動方程式 127
壁面反射回数 124
ベクトル生成部 159
ヘテロダイン 5

ヘルムホルツ方程式 127

【ほ】
忘却係数 198
補　間 3
母関数 42
保持効果 4
ポリフェイズフィルタ 90

【ま】
マスカー
マスキー 79
マスキング 15
マスキング現象 79
間引き 6

【み】
ミッドトレッド 8
ミッドライザ 8

【よ】
予　測 157
予測符号化 75

【ら】
ラウドネス 77

【り】
離　散 1
離散的フーリエ変換対 60
量子化 2
量子化器 2
量子化雑音 4, 86
両端開口音響管 134
臨界帯域 82
臨界帯域幅 82
臨界帯域比 82

【れ】
レイリー分布 113
連立1次方程式 205

索引

【A】
AAC	98
All-Pass	57
ATRAC	103
ATRAC 2	105

【B】
backward masking	80

【C】
CELP	102
complete masking	79
critical band	82

【D】
DCC	102
DFT	62

【E】
ERLE	187

【F】
filtered-x 法	168
forward masking	80

【H】
hearing threshold	77

【I】
IIR 形の適応フィルタ	159

【J】
just noticable noise level	93

【L】
LFE	99
LMS アルゴリズム	171
loudness	77

【M】
MASH	33
maskee	79
masker	79
masking effect	79
MD	102
MNR	95
MPEG	69, 88
MPEG 1/Audio	88
MPEG 2/AAC	99
MS ステレオ	89

【P】
partial masking	79
PASC	106
phasor	48

【Q】
QMF	103
quantization noise	86

【R】
RLS アルゴリズム	197

【S】
SMR	91
SNR	95
SSR	99
$\Sigma\Delta$ 変調方式	24

【T】
TNS	101
TwinVQ	102

【Z】
z 変換	46, 54

―― 著者略歴 ――

山﨑　芳男（やまさき　よしお）
- 1968年　早稲田大学理工学部電気通信科卒業
- 1973年　早稲田大学大学院理工学研究科博士課程修了（電気工学専攻）
- 1976年　早稲田大学理工学研究所特別研究員
- 1984年　工学博士（早稲田大学）
- 1992年　千葉工業大学教授
- 1993年　早稲田大学教授
- 現在に至る

金田　豊（かねだ　ゆたか）
- 1975年　名古屋大学工学部電気学科卒業
- 1977年　名古屋大学大学院工学研究科博士前期課程修了（情報工学専攻）
- 1977年　日本電信電話公社勤務
- 1990年　工学博士（名古屋大学）
- 2000年　東京電機大学教授
- 現在に至る

東山三樹夫（とうやま　みきお）
- 1970年　早稲田大学理工学部電気通信学科卒業
- 1975年　早稲田大学大学院理工学研究科博士課程修了（電気工学専攻）
工学博士（早稲田大学）
- 1975年　日本電信電話公社勤務
- 1993年　工学院大学教授
- 2003年　早稲田大学教授
- 現在に至る

宇佐川　毅（うさがわ　つよし）
- 1981年　九州工業大学工学部情報工学科卒業
- 1983年　東北大学大学院工学研究科博士前期課程修了（情報工学専攻）
- 1983年　熊本大学助手
- 1988年　工学博士（東北大学）
- 1990年　熊本大学助教授
- 2003年　熊本大学教授
- 現在に至る

音・音場のディジタル処理
Sound and Field Signal Processing　　　　　　© （社）日本音響学会 2002

2002年12月26日　初版第1刷発行
2011年6月20日　初版第3刷発行

検印省略

編　者　　社団法人　日本音響学会
　　　　　東京都千代田区外神田2-18-20
　　　　　ナカウラ第5ビル2階
発行者　　株式会社　コロナ社
代表者　　牛来真也
印刷所　　壮光舎印刷株式会社

112-0011　東京都文京区千石4-46-10
発行所　株式会社　コロナ社
CORONA PUBLISHING CO., LTD.
Tokyo Japan
振替 00140-8-14844・電話(03)3941-3131(代)
ホームページ http://www.coronasha.co.jp

ISBN 978-4-339-01107-4　（高橋）　（製本：牧製本印刷）
Printed in Japan

本書のコピー，スキャン，デジタル化等の無断複製・転載は著作権法上での例外を除き禁じられております。購入者以外の第三者による本書の電子データ化及び電子書籍化は，いかなる場合も認めておりません。

落丁・乱丁本はお取替えいたします

音響入門シリーズ

(各巻A5判, CD-ROM付)

■(社)日本音響学会編

	配本順			頁	定価
A-1	(4回)	音響学入門	鈴木・赤木・伊藤 佐藤・苣木・中村 共著	256	3360円
A-2	(3回)	音の物理	東山 三樹夫 著	208	2940円
A		音と人間	宮坂 榮一 蘆原 郁 平原 達也 共著		
A		音とコンピュータ	誉田 雅彰 足立 整治 小林 哲則 共著		
B-1	(1回)	ディジタルフーリエ解析(Ⅰ) ―基礎編―	城戸 健一 著	240	3570円
B-2	(2回)	ディジタルフーリエ解析(Ⅱ) ―上級編―	城戸 健一 著	220	3360円
B-3		電気の回路と音の回路	大賀 寿郎 梶川 嘉延 共著		近刊
B		音の測定と分析	矢野 博夫 飯田 一博 共著		
B		音の体験学習	三井田 惇郎 編著		

(注:Aは音響学にかかわる分野・事象解説の内容,Bは音響学的な方法にかかわる内容です)

定価は本体価格+税5%です。
定価は変更されることがありますのでご了承下さい。

図書目録進呈◆

音響テクノロジーシリーズ

(各巻A5判)

■(社)日本音響学会編

			頁	定価
1.	音のコミュニケーション工学 ―マルチメディア時代の音声・音響技術―	北脇 信彦 編著	268	3885円
2.	音・振動のモード解析と制御	長松 昭男 編著	272	3885円
3.	音の福祉工学	伊福部 達 著	252	3675円
4.	音の評価のための心理学的測定法	難波 精一郎 桑野 園子 共著	238	3675円
5.	音・振動のスペクトル解析	金井 浩 著	346	5250円
6.	音・振動による診断工学	小林 健二 編著	214	3360円
7.	音・音場のディジタル処理	山﨑 芳男 金田 豊 編著	222	3465円
8.	環境騒音・建築音響の測定	橘 秀樹 矢野 博夫 共著	198	3150円
9.	アクティブノイズコントロール	西村 正治 伊勢史郎 共著 宇佐川 毅	176	2835円
10.	音源の流体音響学 ―CD-ROM付―	吉川 茂 和田 仁 編著	280	4200円
11.	聴覚診断と聴覚補償	舩坂 宗太郎 著	208	3150円
12.	音環境デザイン	桑野 園子 編著	260	3780円
13.	音楽と楽器の音響測定 ―CD-ROM付―	吉川 茂 鈴木 英男 編著	304	4830円
14.	音声生成の計算モデルと可視化	鏑木 時彦 編著	274	4200円
15.	アコースティックイメージング	秋山 いわき 編著	254	3990円
16.	音のアレイ信号処理 ―音源の定位・追跡と分離―	浅野 太 著	288	4410円
	波動伝搬における逆問題とその応用	山田 晃 蜂屋 弘之 共著 西條 献児 吉川 茂		
	非線形音響 ―基礎と応用―	鎌倉 友男 編著		

定価は本体価格+税5%です。
定価は変更されることがありますのでご了承下さい。

図書目録進呈◆